Schriftenreihe: Bauwirtschaft und Projektmanagement

Heft Nr. 3

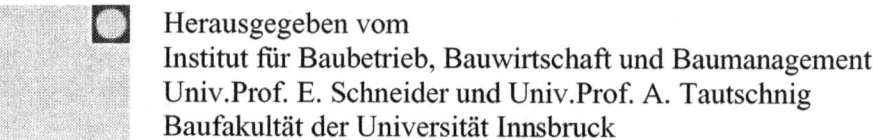

Herausgegeben vom
Institut für Baubetrieb, Bauwirtschaft und Baumanagement
Univ.Prof. E. Schneider und Univ.Prof. A. Tautschnig
Baufakultät der Universität Innsbruck

**Funktionale Leistungsbeschreibung
mit Konstruktionswettbewerb
Ein neuer Weg für den Tunnelbau**

Ralph H. Bartsch

innsbruck university press

Die Deutsche Bibliothek – CIP-Einheitsaufnahme

Ein Titeldatensatz für diese Publikation ist bei der Deutschen Bibliothek erhältlich.

Alle Rechte vorbehalten

ISBN 3-901249-59-1

© Universität Innsbruck, Innrain 52, A-6020 Innsbruck

http://www.university-press.at

Herstellung Books on Demand GmbH

Vorwort

Die vorliegende Arbeit entstand während meiner Zeit als Universitätsassistent am Institut für Baubetrieb, Bauwirtschaft und Baumanagement der Universität Innsbruck.

Für die intensive Betreuung und Hilfsbereitschaft, die vielen fruchtbaren Diskussionen und das entgegengebrachte Vertrauen sage ich Herrn o. Professor Dipl.-Ing. Eckart Schneider vielen herzlichen Dank. Ich hatte die Ehre, zu seinen ersten Mitarbeitern zu zählen und sein erster Doktorand zu werden. Herr Schneider hat mir in vorbildlicher Art und Weise gezeigt, was es mit dem Begriff des „Doktorvaters" auf sich hat.

Mein besondere Dank gilt auch Herrn Professor Dr. techn. MBA Peter E. Mayer für die Bereitschaft zur Mitbetreuung der Arbeit, für das gezeigte Entgegenkommen und seine Gedanken, die stets Anregung und Hilfestellung bedeuteten.

Ich danke Herrn Professor Dr. Klaus D. Kapellmann herzlich für seine konstruktiven Hinweise, insbesondere in bezug auf rechtliche Aspekte.

Ich danke der Deutschen Bahn Projekt Köln-Rhein/ Main sowie den Baufirmen des Mittelstandsloses für Ihre freundliche Unterstützung, die Möglichkeit zu umfassender Information, Baustellenbesichtigung und Diskussion.

Allen weiteren an dieser Stelle nicht namentlich genannten Personen und den Mitarbeitern des Institutes für Baubetrieb, Bauwirtschaft und Baumanagement der Universität Innsbruck, die mir im Laufe der Bearbeitung mit Anregungen und konstruktiver Kritik zur Seite standen möchte ich an dieser Stelle meinen Dank aussprechen.

Nicht zuletzt danke ich meiner Mutter, Marlies Bartsch, für ihre Mithilfe und meiner Verlobten, Bianca Teichmann, für die mir entgegengebrachte Geduld und Rücksicht.

Innsbruck, im Oktober 1999　　　　　　　　　　　　　　　　Ralph H. Bartsch

Gegenüber der Originalausgabe der Dissertation wurden in dieser Ausgabe einige Druckfehlerberichtigungen vorgenommen

München, im Oktober 2002　　　　　　　　　　　　　　　　Ralph H. Bartsch

Kurzfassung

Die Ausschreibung und Vergabe mit funktionaler Leistungsbeschreibung findet neben der Anwendung im Hochbau mittlerweile auch vermehrt Eingang in den Tiefbau. Sie eröffnet in der Anwendung im Tunnelbau neue interessante Möglichkeiten entgegen der Leistungsbeschreibung mit Leistungsverzeichnis.

Die Bandbreite der Varianten der Ausschreibung und Vergabe mit funktionaler Leistungsbeschreibung umfaßt das Spektrum von der Vorplanung bis hin zur Ausführungsplanung. Eigentliche Vorteile und mit funktionaler Beschreibung verknüpfte Ziele werden weitestgehend zunutze gemacht, wird die Bauleistung zum Zeitpunkt der Vorplanung mit einer funktionalen Leistungsbeschreibung ausgeschrieben.

Auf diese Art und Weise wird Bietern die Möglichkeit eingeräumt, ihre besonderen Erfahrungen und Kenntnisse bezüglich der eigentlichen Ausführung bereits in die Vorplanung einzubringen. Der Bieter wird mit der Ausarbeitung einer ganzheitlichen Lösung beauftragt, er hat sich mit den auftraggeberseitigen Vorgaben in bezug auf Nutzung, Qualität und alle weiteren Anforderungen intensiv auseinanderzusetzen. Er gerät in die Rolle des Objektplaners, der aus der Fülle der zur Verfügung stehenden Lösungen die herauszusuchen und anzubieten hat, die ihm in Anbetracht seiner Möglichkeiten als die funktionsgerechteste und wirtschaftlichste vorkommt. Fachliche Kompetenzen von Planern und Ausführenden werden in einem gleichberechtigten Zusammenspiel eingebracht. Darin eingehen können zur Verfügung stehende Ressourcen, Dispositionsmöglichkeiten, Erfahrung in Planung und Ausführung, Gerät, Materialien, etc.. Der Entwurf der Leistung wir unter den Wettbewerb gestellt.

Aus der Erkenntnis dieser Vorteile wird das Modell der „Funktionalen Leistungsbeschreibung mit Konstruktionswettbewerb" entwickelt, das der Ausschreibung und Vergabe von besonders anspruchsvollen Tunnelbauwerken dienen soll.

Die funktionale Leistungsbeschreibung mit Konstruktionswettbewerb basiert auf den Grundsätzen der VOB/ A Abschnitt 4 (VOB - SKR). Sie kann daher nur von privaten Auftraggebern, die in den Sektoren tätig sind, bzw. privaten Auftraggebern angewendet werden.

Die Bauleistung wird in einer gemeinsamen Ausschreibung und Vergabe von Planung und Bauleistung in einem internationalen Wettbewerb nach VOB/ A Abschnitt 4 (VOB/ A – SKR) § 3 Nr. 2 c im Verhandlungsverfahren ausgeschrieben. Vorangestellt wird ein Aufruf zum Wettbewerb, sowie ein Präqualifikationsfverfahren. Nach einer nicht vorgegebenen Anzahl von Verhandlungen, die sich durch steigenden Planungsgrad und Fortschreibung der Angebote kennzeichnen, wird die Leistung an den Bestbieter vergeben.

Das Modell setzt auf ein partnerschaftliches und faires Auftraggeber – Auftragnehmer – Verhältnis in Ausschreibung und Vertragsgestaltung.

Abstract

The tendering process and the award of construction works by a specification of works with a description by function is used in deep workings more and more. To specify tunnelling works it opens interesting possibilities in contrast to the specification of works with bill of quantities.

The spectrum of variations to describe the works by the demanded function comprises the state of the first design up to the planning of the execution. The most profit by description by function results in case the award of the works follows straight after the first design.

In such a case the contractor gets the possibility to bring in his knowledge and know-how best and into the whole process of planning. He offers an all including solution of the demanded works by taking into consideration the clients preconditions with regard to use, quality etc.. The contractor plays the part of the designer who chooses and offers that solution that seems to be the most functional and efficient from his point of view.

The professional competence of planning and execution plays together by having equal rights. It is possible to take under consideration resources, dispositions, know-how, equipment, material etc.. More over there is a competition of the design.

Coming to realize that the model of "The Functional Specification with a Competition of the Construction" for difficult and demanding tunnelling works is worked out.

The model of "The Functional Specification with a Competition of the Construction" is based on the standard VOB Part A Section 4[1] (VOB-SKR). It can be used only by clients who are forced to make use of the VOB-SKR or by private clients.

The tendering process and the award of the planning of the works and the execution of the works follows in an international competition following VOB Part A Section 4 (VOB-SKR) § 3 No. 2 c by negotiated procedure. More over there is a call for competition and a pre-qualification. The award takes place after a number of not committed negotiations distinguished by a creasing degree of planning and tender. The contract shall be awarded to the best tender. The best is characterised by criterion like for instance most economically advantageous tender, involving various criteria depending on the contract in question, such as delivery or completion date, running costs, cost-effectiveness, quality, the price etc..

The model of "The Functional Specification with a Competition of the Construction" is based on partnership relation between client and contractor.

---

[1] Construction Contract Procedures, Part A: General provisions relating to the award of construction contracts, Section 4: Basic specifications with supplementary specifications pursuant to the EC Directive on Sectoral Procurement Producers

Inhaltsverzeichnis

THEMATIK UND MOTIVATION		**11**
1.	**TEIL: EINFÜHRUNG IN DIE GRUNDLAGEN AUS BGB UND VOB**	**13**
1.1	Ausschreibung und Vergabe	13
1.1.1	Einordnung des Auftraggebers	13
1.1.2	Grundsätze nach VOB/ A	15
1.2	Der Bauvertrag	24
1.2.1	Der Bauvertrag nach BGB und VOB	24
1.2.2	Die Vertragsarten nach VOB/ A	26
1.3	Die Leistungsbeschreibung	29
1.3.1	Die Leistungsbeschreibung im Allgemeinen	29
1.3.2	Die Leistungsbeschreibung nach VOB/ A § 9	30
1.3.2.1	*Allgemein gültige Regelungen*	*30*
1.3.2.2	*Die Leistungsbeschreibung mit Leistungsverzeichnis*	*33*
1.3.2.3	*Die Leistungsbeschreibung mit Leistungsverzeichnis im Tunnelbau*	*36*
1.3.2.4	*Die Leistungsbeschreibung mit Leistungsprogramm*	*46*
2	**TEIL: DIE FUNKTIONALE LEISTUNGSBESCHREIBUNG**	**49**
2.1	Die funktionale Leistungsbeschreibung im Allgemeinen	49
2.2	Die funktionale Leistungsbeschreibung im Tunnelbau	52
2.3	Funktionale Leistungsbeschreibung und Planungsstand	54
2.4	Anwendung der funktionalen Leistungsbeschreibung im Tunnelbau in der Praxis	62
2.4.1	Ergebnisse aus der Studie der NBS Köln – Rhein/ Main	62
2.4.2	Ausblicke auf andere Modelle	69
3	**TEIL: DAS MODELL DER FUNKTIONALEN LEISTUNGS- BESCHREIBUNG MIT KONSTRUKTIONSWETTBEWERB**	**75**
3.1	Zielsetzung	75
3.2	Ausschreibung und Vergabe mit funktionaler Leistungsbeschreibung mit Konstruktionswettbewerb	76
3.2.1	Definition	76
3.2.2	Ausschreibungs- und Vergabeverfahren	85
3.2.2.1	*Rechtliche Grundlagen der Ausschreibung und Vergabe*	*85*
3.2.2.2	*Präqualifikationsverfahren*	*87*
3.2.2.3	*Verhandlungsverfahren*	*89*
3.2.2.4	*Bindefristen*	*92*

3.2.3		Leistungsbeschreibung	94
	3.2.3.1	*Grundlagen*	*94*
	3.2.3.2	*Funktionale Beschreibung der Leistung*	*94*
	3.2.3.3	*Baugrunduntersuchungen*	*97*
3.2.4		Anforderungskatalog und Aufschlüsselung des Angebotes	99
3.2.5		Wertung der Angebote und Bieterauswahl	105
3.2.6		Kosten der Ausschreibung	107
3.3		Umsetzung in die Genehmigungsplanung und -verfahren	111
3.3.1		Einflüsse der Genehmigungsverfahren	111
	3.3.1.1	*Die grundsätzlichen Genehmigungsverfahren*	*111*
	3.3.1.2	*Einfluß der Genehmigungsverfahren auf das Angebot*	*112*
	3.3.1.3	*Einfluß der Genehmigungsverfahren auf die Umsetzbarkeit des Ausschreibungs- und Vergabemodells*	*113*
	3.3.1.4	*Einfluß der Genehmigungsverfahren auf den Angebotspreis*	*116*
3.3.2		Aufgabenverteilung während der Planung und Genehmigung	118
	3.3.2.1	*Aufgabenverteilung während der Planung*	*118*
	3.3.2.2	*Aufgabenverteilung während der Genehmigungsverfahren*	*122*
	3.3.2.3	*Koordination während der Planung und Genehmigungsverfahren*	*124*
	3.3.2.4	*Aufgabe des PM*	*127*
3.4		Vertragsgestaltung	129
3.4.1		Zusammenhang der Ausschreibung und Vertragsgestaltung	129
3.4.2		Aufgabenverteilung während der Ausführung	130
3.4.3		Risiken und Risikoverteilung	131
3.4.4		Vergütung	133

4 TEIL: ZUSAMMENFASSUNG   **137**

LITERATURVERZEICHNIS   **143**

A ANHANG   **149**

A1	Empfehlungen für das Aufstellen einer funktionalen Leistungsbeschreibung	149
A2	Sonderformen der Leistungsbeschreibung	150
A3	Genehmigungsverfahren	151

ABBILDUNGSVERZEICHNIS   **155**

LEBENSLAUF   **157**

Thematik und Motivation

Die vorgelegte Arbeit befaßt sich mit der funktionalen Leistungsbeschreibung im Tunnelbau. Nach der eingehenden Analyse und Darstellung der besonderen Regelungen der in Deutschland angewendeten Norm für die Ausschreibung und Vergabe von Bauleistungen, der VOB/ A, wird ein Konzept einer neuen Form der funktionalen Leistungsbeschreibung für den Tunnelbau entwickelt.

Es wir bezeichnet als:

„Funktionale Leistungsbeschreibung

mit Konstruktionswettbewerb"

Neben den theoretischen Grundlagen wurde eine Fallstudie betrieben. Es handelt sich dabei um die Ausschreibung und Vergabe der Neubaustrecke der Deutschen Bahn AG Köln – Rhein/ Main. Die Fallstudie kann im Anhang „Projektstudie" eingesehen werden. Sie dient maßgeblich der kritischen Auseinandersetzung mit der Thematik. Erfahrungen aus Gesprächen und Analyse gingen in das Konzept der funktionalen Leistungsbeschreibung mit Konstruktionswettbewerb ein.

Die Anregung zu dieser Arbeit ging von zwei außergewöhnlichen aktuelle Projekten aus, bei denen zum ersten Mal Tunnelbauwerke mit funktionaler Leistungsbeschreibung ausgeschrieben und vergeben worden sind. Dieses sind die Neubaustrecke Köln – Rhein/ Main der Deutsche Bahn AG. Ein Infrastrukturprojekt mit einem Auftragsvolumen von fast 8 Milliarden DM. Des weiteren die vierte Röhre des Elbtunnels in Hamburg, bei dem die Baubehörde Tiefbauamt der Freien und Hansestadt Hamburg Auftraggeber ist und das Bauvolumen ca. 800 Millionen DM beträgt.

Zwei Projekte, ein Ausschreibungsverfahren, Ergebnisse in der Ausführung und Erfahrungen mit der funktionalen Leistungsbeschreibung, wie sie verschiedener kaum sein könnten.

So beginnt Eschenburg, ehemaliger Geschäftsführer der DB Projekt GmbH Köln - Rhein - Main eine Veröffentlichung zu diesem Thema mit den Worten: „Ein Gespenst geht um in der deutschen Bauindustrie, das Gespenst der „Funktionalen Leistungsbeschreibung" im Eisenbahnbau."[2] Die Bauzeit hat sich bereits um ein Jahr verlängert, die Kosten sind um 1,2 Milliarden D- Mark angewachsen[3].

Der Baudirektor Bilecki der Baubehörde Tiefbauamt der Freien und Hansestadt Hamburg, Initiator der Anwendung der funktionalen Leistungsbeschreibung beim Projekt 4. Röhre

---

[2] Vgl. Eschenburg, Glowaki „Funktionale Leistungsbeschreibung" Vorabzug einer Veröffentlichung der DB Projekt GmbH Köln – Rhein/ Main 1997, Veröffentlicht im Eisenbahningenieurkallender 1998

[3] Vgl. Horstkötter „Tückische Trasse" Focus 5/1999

Elbtunnel hingegen, wurde 1997 mit dem STUVA Preis für seine hervorragende Leistung und sein Engagement ausgezeichnet.

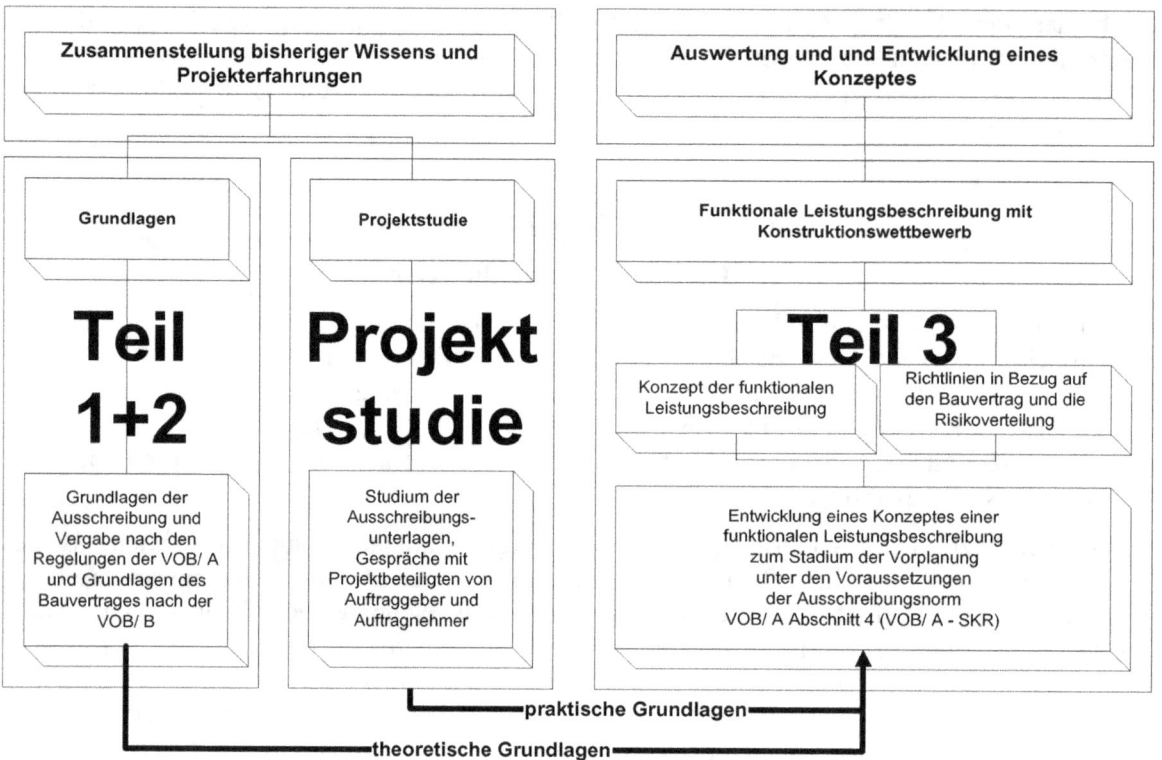

Abbildung 1: Vorgehensweise der Dissertation

Ist die funktionale Leistungsbeschreibung nun auf den Tunnelbau nicht zu übertragen oder doch das erhoffte Mittel, Kostensicherheit und Kostenminimierung zu erzielen?

Das Ergebnis dieser Arbeit läßt sich folgendermaßen zusammenfassen:

> Die Diskussion muß zurück auf eine theoretische Ebene gebracht werden. Erfahrungen einzelner Projekte können keine abschließende Bewertung ergeben.

> Die funktionale Leistungsbeschreibung stellt eine interessante Variante dar, wenn es darum geht, das besondere Wissen der Bauunternehmer im Hinblick auf Verfahren und Ausführung in den Entwurf der Leistung einfließen zu lassen. Die Leistung muß sich in Umfang und Anspruch von der eines üblichen Projektes herausheben.

> Der unter diesen Umständen günstigste Zeitpunkt der Ausschreibung mit funktionaler Leistungsbeschreibung ist der der Vorplanung. Nur dann kann das Wissen des Unternehmers optimal einfließen.

1 Teil: Einführung in die Grundlagen aus BGB und VOB

1.1 Ausschreibung und Vergabe

1.1.1 Einordnung des Auftraggebers

Grundsätzlich gilt, daß Ausschreibung und Vergabe von Bauaufträgen dem Vergebenden freigestellt sind. Sie werden durch die Bestimmungen der Verdingungsordnung für Bauleistungen, Teil A (VOB/ A) geregelt, auch als Deutsche Industrienorm (DIN) 1960 bezeichnet. Diese Norm ist für bestimmte Gruppen von Auftraggebern verbindlich.

Bei der Ausschreibung und Vergabe von Bauaufträgen werden nach der im Jahre 1992[4] novellierten VOB/ A die Auftraggeber, die nach den Bestimmungen des Teil A auszuschreiben und zu vergeben haben, nach dem sogenannten sachlichen und dem persönlichen Geltungsbereich unterschieden[5]. Dadurch ergeben sich drei Gruppen von Auftraggebern und eine Unterscheidung nach dem Auftragswert.

Zur ersten Gruppe zählt der im herkömmlichen Sprachgebrauch als klassischer öffentlicher Auftraggeber bezeichnete Auftraggeber. Dieser wird im Kartellgesetz Gesetz gegen Wettbewerbsbeschränkungen (GWB) § 98 Nr. 1 bis 3 und Nr. 5 bis definiert[6]. Ausgenommen von der Gruppe der herkömmlichen öffentlichen Auftraggeber ist nach dieser Festlegung der öffentliche Auftraggeber, der in den Sektoren tätig ist, wie er im Kartellgesetz Gesetz gegen Wettbewerbsbeschränkungen (GWB) § 98 Nr. 4 definiert wird.

Für den klassischen öffentlichen Auftraggeber sind die Regelungen des ersten Abschnittes der VOB/ A verbindlich anzuwenden, solange das finanzielle Volumen des Bauvorhabens den Schwellenwert der EG - Baukoordinierungsrichtlinie von 5 Millionen ECU ohne Umsatzsteuer nicht überschreitet.

Darüber hinaus wird eine sachliche Unterscheidung bezüglich der zur Anwendung kommenden Abschnitte der VOB/ A getroffen. Übersteigt der Wert des Auftrages den Schwellenwert, so werden für denselben öffentlichen Auftraggeber die Regelungen des zweiten Abschnittes verbindlich, die sogenannten „a - Paragraphen".

---

[4] Die letzte Novelle wird voraussichtlich im Herbst 1999 erscheinen

[5] Vgl. Heiermann/ Riedl/ Rusam „Handkommentar zur VOB Teile A und B" Bauverlag 1997

[6] Dazu zählen die klassischen öffentlichen Auftraggeber, die der Sondervermögen von Gebietskörperschaften, Verbände, juristische Personen öffentlichen als auch privaten Rechts und Beteiligungsgesellschaften der öffentlichen Hand im Bereich der Daseinsvorsorge.

Als Abgrenzung zur zweiten und dritten Gruppe von Auftraggebern wird eine sachliche und persönliche Unterscheidung getroffen.

Die zweite Gruppe besteht in Hinsicht auf den persönlichen Geltungsbereich aus den Auftraggebern, wie sie im Kartellgesetz Gesetz gegen Wettbewerbsbeschränkungen (GWB) § 98 Nr. 4 definiert werden. Dieses sind öffentliche Auftraggeber, die sich in bezug auf den sachlichen Geltungsbereich auf dem Gebiet der Trinkwasser-, Energie- oder Verkehrsversorgung oder dem Telekommunikationsbereich betätigen.

Sie müssen die „b - Paragraphen" des dritten Abschnittes anwenden, wenn das Volumen des Auftrages den Schwellenwert überschreitet.

Dieser von diesen Auftragnehmern zu verwendende 3. Abschnitt der VOB/ A besteht aus den 32 Basisparagraphen, die um die zusätzlichen Bestimmungen der EG – Sektorenrichtlinie (SEK) ergänzt wurden.

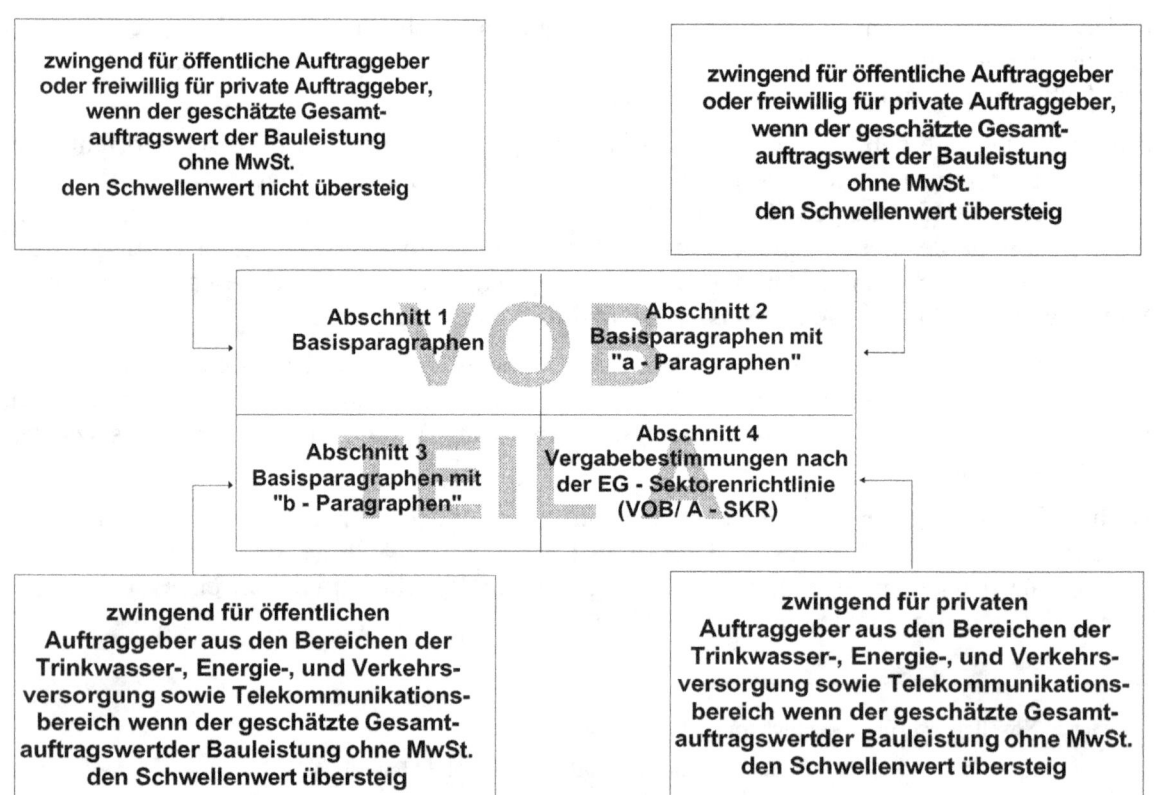

Abbildung 2: Einteilung der Auftraggeber nach der VOB/ A

Die dritte Gruppe besteht im Hinblick auf den persönlichen Geltungsbereich aus den privaten Auftraggebern, die nicht unter die im Kartellgesetz Gesetz gegen Wettbewerbsbeschränkungen

(GWB) § 98 Nr. 4 genannten fallen, sich in bezug auf den sachlichen Geltungsbereich aber auch im Bereich der Trinkwasser-, Energie- oder Verkehrsversorgung oder dem Telekommunikationsbereich betätigen, den sogenannten Sektoren. Von ihnen sind die Paragraphen des vierten Abschnittes der VOB/ A, die EG - Sektorenrichtlinien (SKR) anzuwenden. Obwohl es sich bei diesen Auftraggebern um private handelt, trifft für sie durch Umsetzung des EG - Rechtes nicht mehr die freie Wahl der Auftragsvergabe zu.

Der Unterschied des dritten und vierten Abschnittes liegt darin, daß der Anwender des vierten Abschnittes ausschließlich die Regelungen der Sektorenrichtlinie verpflichtet ist. Diese stellen ein in sich geschlossenes Regelwerk dar[7]. Es fehlen darin die grundlegenden Bestimmungen der Basisparagraphen. Nach VOB/ A Abschnitt 4 (VOB/ A – SKR) ist der Auftraggeber zum Beispiel bei der Wahl des Vergabeverfahrens nicht gebunden. Der Leistungsbeschreibung mit Leistungsverzeichnis wird gegenüber der Leistungsbeschreibung mit Leistungsprogramm keine Sonderstellung eingeräumt.

Private Auftraggeber, die nicht unter diese Einordnung fallen, bleiben auch weiterhin in der Art der Vergabe frei, können die VOB/ A jedoch freiwillig anwenden.

1.1.2 Grundsätze nach VOB/ A

Unter der Annahme, daß der Auftraggeber die Bauleistung nach VOB/ A auszuschreiben und zu vergeben hat, werden die verschiedenen Ausschreibungs- und Vergabemöglichkeiten im nun Folgenden kurz beschrieben. Tiefer eingegangen werden soll an dieser Stelle auf die Regelungen der Basisparagraphen der VOB/ A Abschnitt 1 die auch das „Grundgesetz" der Leistungsbeschreibung genannt werden. Die Sonderregelungen der Abschnitte 2, 3 und 4 basieren auf dieser grundsätzlich, gewähren dem Auftraggeber aber einen größeren Freiraum. Im Hinblick auf die funktionale Leistungsbeschreibung mit Konstruktionswettbewerb werden die Regelungen der VOB/ A Abschnitt 4 (VOB – SKR) im Anschluß ergänzt.

Es ist ferner anzumerken, daß die VOB/ A nicht bei der Ausschreibung und Vergabe von Planungs- und Entwurfsleistungen anzuwenden ist, sie dient nur der Vergabe der Ausführungsleistung[8]. Es ist dem Auftraggeber zwar im Rahmen seiner Vergabefreiheit erlaubt, Planungs- und Bauleistungen an eine Hand, zum Beispiel einen Totalunternehmer zu vergeben, die VOB/ A schlägt jedoch grundsätzlich die getrennte Vergabe vor. Bei einer Vergabe beider Leistungen sieht sie vor, dieses in Form einer Leistungsbeschreibung mit Leistungsprogramm durchzuführen.

Planungsleistungen sind keine Bauleistungen, folglich können sie auch nicht mit den Regelungen der VOB/ A vereinbart werden. Planungsleistungen können seit dem 12. Mai 1997 nach der vom Bundesministerium der Justiz bekannt gemachten Verdingungsordnung für

---

[7] Vgl. Heiermann/ Riedl/ Rusam „Handkommentar zur VOB Teile A und B" Bauverlag 1997

[8] Vgl. Heiermann/ Riedl/ Rusam „Handkommentar zur VOB Teile A und B" Bauverlag 1997

freiberufliche Bauleistungen (VOF) ausgeschrieben und vergeben werden. Diese dient der Umsetzung der Richtlinie 92/50/EWG des Rates vom 18. Juni 1992 über die Koordinierung der Verfahren zur Vergabe öffentlicher Dienstleistungsaufträge in Deutschland[9]. Die VOF ist auf die Vergabe von Leistungen im Sinne von freiberuflichen Leistungen in einem festgelegten Anwendungsbereich anzuwenden. Darunter fallen auch die Planungsleistungen von Bauleistungen.

Der Betrachtung Ausschreibung und Vergabe voranzustellen sind unbedingt die Grundsätze der Vergabe, wie sie in der VOB/ A Abschnitt 1 bis 4, im jeweiligen § 2 geregelt werden. Diese werden hinlänglich als die Generalklauseln der Ausschreibung bezeichnet, da sie sich unmittelbar auf den Inhalt anderer Regelungen der VOB/ A auswirken. Im Unterschied zu den meisten anderen Paragraphen handelt es sich bei diesen teilweise um „Muß" - Regelungen, deren Mißachtung somit Folgen für den Auftraggeber hat.

Demnach sind bei der Vergabe von Bauleistungen für den Auftraggeber, der die VOB anwendet, die folgenden Kriterien zu bedenken[10]:

- Die Eignung der Bewerber
- Die Angemessenheit der Preise
- Der Wettbewerb mit gleichen Chancen für alle Bieter
- Die Bekämpfung ungesunder Begleiterscheinungen
- Die Förderung der ganzjährigen Bautätigkeit

Unter der Eignung des Bewerbers werden die Merkmale seiner Fachkunde, Leistungsfähigkeit und Zuverlässigkeit verstanden. Es obliegt dem Auftraggeber, sich von diesen drei Kriterien rechtzeitig ein Bild zu machen. In welchem Maße dieses zu erfolgen hat, wird jedoch nicht festgelegt und ist von der Art des jeweiligen Projektes abhängig. Ziel ist es, mit den finanziellen Mitteln sorgfältig und bedacht umzugehen, und mit Steuergeldern nicht risikobehaftete Verträge mit im Sinne der Ausführung nicht potenten Auftragnehmern einzugehen.

Diese Regelung erlangt durch den Sachverhalt Bedeutung, daß unter diesem Aspekt bestimmte, am Wettbewerb teilnehmende Bieter ausgeschieden werden können. Außerdem kann dieses Kriterium der Grund dafür sein, daß eine Ausschreibung nicht öffentlich erfolgt.

---

[9] Bundesministerium der Justiz „Bekanntmachung der Verdingungsordnung für freiberufliche Leistungen – VOF – vom 12. Mai 1997" Bundesanzeiger

[10] Vgl. Heiermann/ Riedl/ Rusam „Handkommentar zur VOB Teile A und B" Bauverlag 1997

Bauleistungen sollen zu angemessenen Preisen vergeben werden. Damit werden mehrere Ziele verfolgt. Zum einen soll diese Regelung ein ausgewogenes Verhältnis zwischen Leistung und Gegenleistung von Auftraggeber und Auftragnehmer gewährleisten, so daß keinem ein Schaden durch den anderen zugeführt wird, der ihn in seiner Existenz gefährdet. Es soll vermieden werden, daß sich durch eine Praxis andauernden Preisverfalls ein Oligopol von Anbietern bildet, die letztendlich die Preise dann wieder diktieren[11]. Diese Regelung spiegelt sich insbesondere darin wider, daß Preisverhandlungen, einzig um den Preis zu drücken, untersagt sind.

Zum anderen soll damit erreicht werden, daß sich der Auftraggeber vor unseriösen Angeboten mit auffallend geringen Preisen schützen kann. Der Auftraggeber ist nicht verpflichtet an den billigsten Anbieter zu vergeben, falls er seinem Angebot eine undurchsichtige und offensichtlich auf Spekulation beruhende Kalkulation zu Grunde gelegt hat. In der Praxis ist diese Vorgehensweise im allgemeinen nur schwer umzusetzen. Ein nicht angemessener Preis legt in Auslegung der VOB/ A die Vermutung nahe, daß mit einer nicht einwandfreien Ausführung und Gewährleistung der Arbeiten zu rechnen ist.

In der Konsequenz kann diese Pflicht des Auftraggebers aber auch bedeuten, daß er im Falle einer Mißachtung die Folgen zu verantworten hat.

Die VOB/ A Abschnitt 4 (VOB/ A – SKR) schreibt weder eine Eignung der Bewerber noch eine Angemessenheit der Preise explizit vor. Daraus geht nicht hervor, daß dieses nicht beabsichtigt ist. Diese „Muß" - Bedingungen fehlen dem Abschnitt 4, weil seine Anwender dem Kreise der privaten Auftraggeber entsprechen, und diese nicht vom Gesetzgeber genötigt werden können, und es auch nicht seinem Anliegen entspricht, sie zu nötigen, mit ihren finanziellen Mitteln verantwortungsbewußt umzugehen.

Sparsamer Umgang mit finanziellen Mitteln liegt jedoch gleichermaßen im Interesse aller Auftraggeber. Folglich sind die angesprochenen Regelungen auch für Auftragnehmer aus dem Kreis der Sektoren ein gewichtiges Auswahlkriterium[12]. Im Gegensatz zu einem öffentlichen Auftraggeber entfällt aus Sichtweise der Praxis zudem der Rechtfertigungszwang gegenüber einer prüfenden Behörde, stimmen Bestbieter, der den Zuschlag erhalten hat und Billigstbieter nicht überein. Der private Auftraggeber hat es leichter, der Ausschreibung weitere Auswahlkriterien als den Preis der geforderten Leistung in den Vordergrund zu stellen.

Der dritte Punkt, namentlich daß der Wettbewerb die Regel sein sollte, ist allen vier Abschnitten zu eigen. Der freie Wettbewerb ist unabhängig von der Art des Auftraggebers und des Wirtschaftsraumes, das zentrale Prinzip der freien Marktwirtschaft. Er darf weder regional noch lokal oder durch die Form der Ausschreibung grundlos beschränkt werden. Folglich ist es auch die Pflicht des Auftraggebers, alles zu vermeiden, was ihm zuwiderlaufen würde.

---

[11] Vgl. Heiermann/ Riedl/ Rusam „Handkommentar zur VOB Teile A und B" Bauverlag 1997

[12] Vgl. Heiermann/ Riedl/ Rusam „Handkommentar zur VOB Teile A und B" Bauverlag 1997

Verdingungsordnung für Bauleistungen Teil A (VOB/ A)				
	1. Abschnitt Basisparagraphen	2. Abschnitt "a" Paragraphen	3. Abschnitt "b" Paragraphen	4. Abschnitt SKR
Eignung der Bewerber	Grundsatz der Vergabe in Form einer "Muß" - Bedingung			keine "Muß"-Bedingung § 5 regelt Teinahme am Wettbewerb
	§ 2 Nr. 1	§ 2 Nr. 1	§ 2 Nr. 1	
Angemessenheit der Preise	Grundsatz der Vergabe in Form einer "Muß" - Bedingung			keine "Muß" - Bedingung
	§ 2 Nr. 1	§ 2 Nr. 1	§ 2 Nr. 1	
Wettbewerb	Grundsatz der Vergabe in Form einer "Soll" - Bedingung			
	§ 3 Nr. 1 bis 4 § 4 Nr. 1 bis 3 § 8 Nr. 1 bis 6 § 9 Nr. 1 bis 12	§ 2 Nr. 1 bis 2 § 3 a Nr. 1 bis 5 § 4 a Nr. 1 bis 3 § 8 a Nr. 1 bis 6 § 9 a Nr. 1 bis 12	§ 2 Nr. 1 bis 2 § 3 b Nr. 1 bis 12 § 4 b Nr. 1 bis 3 § 8 b Nr. 1 bis 11 § 9 b Nr. 1 bis	§ 2 SKR Nr. 1 bis 3 § 3 SKR Nr. 1 bis 3 § 6 SKR Nr. 1 bis 8 § 8 SKR Nr. 1 bis 9

Abbildung 3: Zusammenfassung der Grundsätze der Vergabe nach der VOB/ A

Im freien Wettbewerb kann eher gewährleistet werden, daß das günstigste und beste Angebot ermittelt wird und dadurch mit den zur Verfügung stehenden Mitteln möglichst wirtschaftlich umgegangen werden kann.

In Zusammenhang mit der Absicht des uneingeschränkten Wettbewerbes, muß auch der § 4 der VOB/ A Abschnitt 1 bis 3 Nr. 2 gesehen werden, der die Forderung enthält, daß umfangreiche Bauleistungen in Losen vergeben werden sollen. Ist dieser Punkt nicht explizit Inhalt des Abschnittes 4, so kann er jedoch auch hier unter dem Gesichtspunkt des uneingeschränkten Wettbewerbes als inhaltlich gewollt angesehen werden[13].

Durch eine Aufteilung eines großen umfangreichen Projektes in zusammengehörende Abschnitte geringeren Umfangs, sogenannte Lose, können sich auch kleinere Bieter beteiligen. Dadurch wird zum einen kein Bieter benachteiligt und zum anderen der Wettbewerb gefördert. Dieses sieht die VOB/ A unter dem Gesichtspunkt der Mittelstandsförderung explizit vor.

---

[13] Vgl. Heiermann/ Riedl/ Rusam „Handkommentar zur VOB Teile A und B" Bauverlag 1997

Die übrigen Punkte, ebenso die Besonderheiten des Abschnittes 3 und 4 sind für die weitere Betrachtung unerheblich.

Ein wichtiger Grundsatz in bezug auf die Ausschreibung und Vergabe ist, daß der Bieter keinen Anspruch darauf hat, eine finanzielle oder sonstige Entschädigung für die Bearbeitung seines Angebotes zu fordern. Diese Regelung des § 20 der VOB/ A Abschnitt 1 bis 3 Nr. 2, entspricht dem Gedanken des Werkvertrages, daß ein Bieter die Kosten, die zum Abschluß des Werkvertrages führen, nicht in Rechnung stellen kann[14].

Eine Ausnahme davon bilden Zahlungen für Leistungen, die nicht mehr nur die Bearbeitung des Angebotes betreffen, sondern darüber hinaus gehen. Darunter fallen zum Beispiel Leistungen, wie sie Inhalt der HOAI sind, Berechnungen, Mengenermittlungen, das Aufstellen anderer Unterlagen, als sie für das Angebot notwendig sind, Projektierungsarbeiten etc.. Der Auftraggeber hat für diese Arbeiten für alle Bieter eine gleiche und angemessene Vergütung vorzusehen.

Ist diese Regelung auch nicht Bestandteil des Abschnittes 4, so ergibt sie sich sinngemäß. Als erstes ist das Verbot der Benachteiligung bestimmter Bieter im Rahmen des uneingeschränkten Wettbewerbes zu nennen, wie es VOB/ A § 2 Nr.1 vorsieht. Bieter, denen finanziellen Möglichkeiten einer unvergüteten Ausarbeitung von zusätzlichen Leistungen fehlen, wären folglich von vorne herein ausgeschlossen, ein Faktum, das mit den Grundsätzen des Wettbewerbes nicht vereinbar ist[15].

Darüber hinaus fällt ein Auftraggeber, der verpflichtet ist, nach dem Abschnitt 4 der VOB/ A auszuschreiben, auch unter die allgemein gültigen gesetzlichen Regelungen. Diese sind wiederum die bereits erwähnten Gültigkeiten des Werkvertragsrechtes, wonach Auftraggeber und Bieter die Vergütung von Leistungen einvernehmlich vertraglich regeln können.

Im nun Folgenden sollen die Regelungen der eigentlichen Ausschreibung und Vergabe betrachtet werden.

Die VOB/ A Abschnitt 1 § 3 schreibt vor, daß Bauaufträge nach drei verschiedenen Verfahren vergeben werden dürfen:

 Öffentliche Ausschreibung

 Beschränkte Ausschreibung

 Freihändige Vergabe

Gleichzeitig legt sie die Hierarchie unter diesen fest, die der vorgenommenen Reihenfolge der Aufzählung entspricht.

---

[14] Vgl. Heiermann/ Riedl/ Rusam „Handkommentar zur VOB Teile A und B" Bauverlag 1997

[15] Vgl. Heiermann/ Riedl/ Rusam „Handkommentar zur VOB Teile A und B" Bauverlag 1997

Danach stellt eine öffentliche Ausschreibung das grundsätzlich anzuwendende Verfahren dar. Dieses ist, solange nicht die Eigenart oder die besonderen Umstände des Bauvorhabens oder sonstige besondere Umstände eine Abweichung rechtfertigen, immer anzuwenden. Es ist unter festgeschriebenen Voraussetzungen den anderen beiden Verfahren vorzuschalten.

Womit wird diese Sonderstellung begründet? Bei einer öffentlichen Ausschreibung wird eine uneingeschränkte Anzahl von Bietern vom Auftraggeber aufgefordert, ein Angebot einzureichen. Dieses geschieht, indem das Bauvorhaben in öffentlichen Zeitungen, wie Tageszeitungen, Amtsblättern oder Fachzeitschriften angekündigt wird. Somit wird diese Form dem Grundsatz gerecht, daß kein potentieller Bieter benachteiligt wird, sondern eine Gleichbehandlung stattfindet. Dadurch wird gewährleistet, daß ein uneingeschränkter Wettbewerb zwischen Bietern verschiedener Regionen stattfindet. Folglich darf erwartet werden, daß der Auftraggeber das für ihn günstigste Angebot auszuwählen im Stande sein wird.

An die öffentliche Ausschreibung sind festgelegte förmliche Verfahrensschritte angeknüpft. Diese beginnen mit der Bekanntmachung des Bauvorhabens nach VOB/ A Abschnitt1 § 17, und enden mit der Vergabe, dem Zuschlag, bzw. in geregelten Ausnahmefällen mit der Aufhebung der Ausschreibung. Ermöglicht werden soll mit diesem Verfahren ebenfalls wiederum die Gleichbehandlung und der freie Wettbewerb.

Die öffentliche Ausschreibung kann auch als Auswahlverfahren für die beschränkte Ausschreibung dienen. Der Auftraggeber beabsichtigt aus gegebenen Gründen, beschränkt auszuschreiben, nutzt aber eine öffentliche Ausschreibung als vorgeschaltetes Verfahren, einerseits seine Bau - Absicht bekannt zu geben, andererseits anzukündigen, daß er vorhat, beschränkt auszuschreiben. Er eröffnet Bietern dadurch die Möglichkeit, ihr Interesse an der Teilnahme zur beschränkten Ausschreibung zu bekunden[16].

Da freier Wettbewerb und Gleichbehandlung aller Bieter gleichfalls Ziele und Inhalt der EG - Baukoordinierungsrichtlinien und der EG - Sektorenrichtlinie sind, ist die öffentliche Ausschreibung identisch mit dem „Offenen Verfahren" nach § 3 a, des Abschnittes 2. Sie entspricht dem „Offenen Verfahren" nach VOB/ A Abschnitte 3 § 3b und ist vergleichbar mit VOB/ A Abschnitt 4 § 3 (VOB – SKR). Insbesondere die Regelungen des Abschnittes 4 unterscheiden sich von denen der anderen Abschnitte, da bei diesen der Auftraggeber nicht in gleichen Maßen an eine Förmlichkeit von Anfang bis Ende gebunden ist. Besonders wirkt sich dieses zum Beispiel beim Verbot der Basisparagraphen von Verhandlungen mit den Bietern aus, welches die EG - Sektorenrichtlinien nicht kennen.

Die beschränkte Ausschreibung stellt bereits eine Ausnahme dar, die unbedingt bestimmter in der VOB/ A festgelegter Voraussetzungen bedarf. Ebenso wie die öffentliche Vergabe ist sie an ein bestimmtes festgeschriebenes Verfahren gebunden, welches aber im Unterschied zur

---

[16] Vgl. Heiermann/ Riedl/ Rusam „Handkommentar zur VOB Teile A und B" Bauverlag 1997

öffentlichen Ausschreibung erst mit der Aufforderung zum Angebot beginnt und mit der Vergabe, also dem Zuschlag endet.

Bei diesem Verfahren wird nur ein vom Auftraggeber ausgewählter Bieterkreis angesprochen und zum Abgeben eines Angebotes aufgefordert. Nur diese sind schließlich auch berechtigt, ein Angebot, das berücksichtigt werden muß, abzugeben. Damit findet zwar kein absolut freier Wettbewerb unter uneingeschränkt vielen Bietern statt, so aber immer noch ein Wettbewerb. Die ausgewählten Bieter werden wieder vollkommen gleich behandelt.

Die Einschränkung des Bieterkreises dient vor allen Dingen der Effizienz und Kostenreduzierung im Rahmen der Ausschreibung, wie aus den in der VOB/ A festgelegten Voraussetzungen hervorgeht.

Das „Nichtoffene Verfahren" nach VOB/ A Abschnitt 2 § 3 Nr. 1 b, ist der beschränkten Ausschreibung mit vorangegangener öffentlichen Ausschreibung identisch. Abschnitt 2 sieht somit EG - weit vor, daß der Auftraggeber Bieter durch eine öffentliche Ausschreibung auffordert, ihr Interesse an einer Ausschreibung mitzuteilen. Aus diesem Kreis wählt der Auftraggeber Bieter aus, die am nicht offenen Verfahren teilnehmen, und die berechtigt sind, ein Angebot abzugeben. Der Wettbewerb findet in diesem Kreis statt, diese Bieter werden gleich behandelt.

Das Verfahren mit beschränkter Ausschreibung entspricht dem „Nicht offenen Verfahren" nach VOB/ A Abschnitt 3 § 3 b Nr. 1 b. Der Unterschied liegt in der Formulierung „Aufruf zum Wettbewerb", womit ein öffentlicher Teilnahmewettbewerb oder eine andere Form gemeint sein können. Bedeutung erhält dieser Unterschied aber nur insofern, als daß unterschieden werden muß, ob der Auftraggeber nach Abschnitt 3 Ausschreiben muß oder kann.

Das „Nichtoffene Verfahren" nach VOB/ A Abschnitt 4 (VOB/ A – SKR) § 3 Nr. 2 b ist vergleichbar mit der beschränkten Ausschreibung, nicht jedoch ident oder entsprechend. Das nichtoffene Verfahren ist ein förmliches Verfahren. Es spricht eine beschränkte und ausgewählte Zahl von Bietern an, die dann alleine berechtigt sind, Angebote abzugeben. Es ist grundsätzlich ein Aufruf zum Wettbewerb voranzustellen, der aber nicht zwangsläufig, wenn doch auch im Regelfall, ein öffentliches Verfahren sein muß.

Die freihändige Vergabe soll nach Willen der VOB/ A Abschnitt 1 § 3 Nr. 1 (3) einen Ausnahmefall darstellen, der nur angewendet werden soll, wenn die anderen beiden Vergabeverfahren unzweckmäßig sind. Damit wird zum einen die Stellung der freihändigen Vergabe in der Hierarchie der Vergabeverfahren festgelegt, anderseits die Bedingung der Voraussetzung zur Anwendung festgeschrieben. Der Auftraggeber muß pflichtgemäß die Voraussetzungen im jeweiligen Einzelfall überprüfen. Dabei kommt ihm einen Ermessensspielraum zu, er muß sich aber daran orientieren, ob die Eigenart der Leistung dieses rechtfertigt oder die besonderen Umstände dafür sprechen[17]. Darüber hinaus hat er immer noch

---

[17] Vgl. Heiermann/ Riedl/ Rusam „Handkommentar zur VOB Teile A und B" Bauverlag 1997

zu prüfen, ob eine beschränkte Ausschreibung nicht vorzuziehen ist und den Zweck bereits erfüllt.

In der VOB/ A, Abschnitt 1, werden beispielhaft projektbezogene Umstände angeführt, die eine freihändige Vergabe rechtfertigen, aber keinen Anspruch auf Vollständigkeit erheben:

> Es kommt nur ein bestimmtes Unternehmen in Betracht, weil eventuell Patente oder besondere Erfahrungen oder Geräte nur bei einer Firma vorliegen.

> Die Leistung kann nicht eindeutig und erschöpfend festgelegt werden.

> Es handelt sich um Zusatzleistungen, die nicht ohne Nachteil von einer anderen größeren zu vergebenden Leistung getrennt werden können.

> Die zu erbringende Leistung ist besonders dringlich und kann daher nicht anders ausgeschrieben werden.

> Eine erneute Ausschreibung ist nach Aufheben einer öffentlichen oder beschränkten Ausschreibung nicht erfolgsversprechend.

> Die Leistung unterliegt der Geheimhaltung, wie zum Beispiel militärische Projekte.

Eine weitere Besonderheit der freihändigen Vergabe ist, daß sie an keinerlei förmliche Verfahren zwingend gebunden ist. Es bedarf keiner Förmlichkeit der Ausschreibung, keines Eröffnungstermines, es kann, muß aber kein Wettbewerb stattfinden.

Das Verhandlungsverfahren nach VOB/ A Abschnitt 2 § 3 a Nr. 1 c entspricht im Prinzip der freihändigen Vergabe. Die Besonderheit liegt darin, daß es an die Stelle der Regelungen der Basisparagraphen tritt. Darüber hinaus werden die Fälle, in denen es angewendet werden kann nicht beispielhaft sondern abschließend aufgeführt. Über diese hinaus gibt es also keinen Anwendungsspielraum für den Auftraggeber[18].

Auch das Verhandlungsverfahren nach VOB/ A Abschnitt 3 § 3 b Nr. 1 c entspricht im Prinzip der freihändigen Vergabe, ist jedoch weder entsprechend noch ident. Im Grunde kann es mit den Regelungen aus VOB/ A Abschnitt 2 § 3 a Nr. 1 c verglichen werden, Unterschiede bestehen in den aufgezählten Anwendungsbeispielen.

Dem Verhandlungsverfahren nach VOB/ A Abschnitt 4 (VOB/ A – SKR) § 3 2 c, ist ein Aufruf zum Wettbewerb vorzuschalten, dem Auftraggeber werden jedoch keine Anwendungsfälle vorgeschrieben[19].

---

[18] Vgl. Heiermann/ Riedl/ Rusam „Handkommentar zur VOB Teile A und B" Bauverlag 1997

[19] Vgl. Heiermann/ Riedl/ Rusam „Handkommentar zur VOB Teile A und B" Bauverlag 1997

	öffentliche Ausschreibung	beschränkte Ausschreibung	freihändige Vergabe
1. Abschnitt Basisparagraphen	grundsätzlich anzuwendendes Verfahren, wenn nicht die Eigenart oder besondere beispielhaft beschriebene Umstände eine Abweichung rechtfertigen Weil: - Gleichbehandlung der Bieter - uneingeschränkter Wettbewerb - Erlangen des günstigsten Angebotes Förmlichkeit von Bekanntgabe bis Zuschlag kann als Vorschaltverfahren für die beschränkte Ausschreibung dienen	Ausnahme zur Steigerung der Efizienz und Kostensenkung, bedarf unbedingt bestimmter Voraussetzungen Weil: - eingeschränkter Wettbewerb - Gleichbehandlung der aufgeforderten Bieter - bester Preis unter den aufgeforderten Bietern nur aufgeforderte Bieter haben ein Recht, ein Angebot abzugeben Förmlichkeit von der Aufforderung zum Angebot bis zum Zuschlag	Ausnahme für den Fall, daß andere Ausschreibungsverfahren nicht zweckmäßig sind oder nicht zum Ziel geführt haben Weil: - kein eigentlicher Wettbewerb Vorraussetzungen sind zu prüfen und ob nicht beschränkte Ausschreibung bereits Zielführend ist keine Förmlichkeit Beispielhafte aber nicht abschließende Aufführung der Anwendungsfälle
2. Abschnitt "a" Paragraphen	offenes Verfahren identisch der öffentlichen Ausschreibung	Nichtoffenes Verfahren identisch der beschränkten Ausschreibung	freihändige Vergabe entspricht im Prinzip der freihändigen Vergabe, "a" Paragraphen treten an Stelle der Basisparagraphen Anwendungsbeispiele werden abschließend aufgezählt
3. Abschnitt "b" Paragraphen	offenes Verfahren entsprechend der öffentlichen Ausschreibung	Nichtoffenes Verfahren entsprechend der beschränkten Ausschreibung Aufruf zum Wettbewerb kann interpretiert werden	Verhandlungsverfahren entspicht im Prinzip der freihändigen Vergabe Unterschiede insbesondere bei den angeführten Anwendungsbeispielen
4. Abschnitt SKR	ist vergleichbar mit der öffentl. Ausschr. hat nicht den Vorrang vor den anderen Verfahren sondern ist gleichgestellt keine Förmlichkeit im Sinne des 1. Abschnittes	ist vergleichbar mit dem Nichtoffenen Verfahren ist den anderen Verfahren gleichgestellt keine Förmlichkeit im Sinne des 1. Abschnittes	ist vergleichbar mit der freihändigen Vergabe ein Aufruf zum Wettbewerb ist voranzustellen keine Anwendungsbeispiele

Abbildung 4: Zusammenfassung der Ausschreibungsverfahren nach VOB/ A

Das Verfahren ist demnach vergleichbar, jedoch nicht ident der freihändigen Vergabe. Aus dieser Betrachtung wird ersichtlich, daß das Verhandlungsverfahren dem Auftraggeber im Hinblick auf Ausschreibung und Vergabe die größtmöglichen Freiräume läßt.

In diesem Zusammenhang sei noch einmal hervorgehoben, daß die EG - Sektorenrichtlinien keinerlei hierarchische Abstufung zwischen den drei Möglichkeiten der Vergabeverfahren vornehmen. Es steht dem Auftraggeber generell frei, nach welcher Methode er ausschreibt und vergibt, lediglich ein Aufruf zum Wettbewerb muß vorangehen, es sei denn, auf diesen kann wegen bestimmter festgeschriebener Regeln verzichtet werden.

Die Bestimmungen der VOB/ A Abschnitt 1 haben sich in der Vergangenheit durchaus bewährt. Insofern kann auch dem Auftraggeber, der unter die Regelungen der Sektorenrichtlinie (SKR) fällt, geraten werden, sich im Sinne eines ausgeglichenen Verhältnisses zwischen Auftraggeber und Auftragnehmer bei der Entscheidung für ein bestimmtes Verfahren der Ausschreibung und Vergabe an diesen Kriterien zu orientieren.

1.2 Der Bauvertrag

1.2.1 Der Bauvertrag nach BGB und VOB

Nach Klärung der Frage der Möglichkeiten der Ausschreibung und Vergabe, bleibt nur noch die der Vertragsgestaltung übrig. Diese steht in unmittelbaren Zusammenhang mit den zuvor beschriebenen Regelungen.

In der Bundesrepublik Deutschland wird der gesetzliche Rahmen für das private Baurecht im Bürgerlichen Gesetzbuch (BGB) geregelt. Danach fällt der Bauvertrag unter die Gruppe der Werkverträge, auf die sich die §§ 631 - 651 BGB beziehen. Darin werden allgemein die rechtlichen Beziehungen zwischen dem Besteller und dem Hersteller einer vertraglich vereinbart herzustellenden Sache bzw. einer Veränderung einer Sache geregelt.

Das Bürgerliche Gesetzbuch ist von einer liberalen Rechtsauffassung geprägt. Diese spiegelt sich vor allem darin wider, daß der Gesetzgeber davon ausgeht, daß gleichberechtigte Partner imstande sind, auf dem Wege jeweils individueller Vereinbarungen die für beide Seiten optimale vertragliche Regelung zu treffen. Das heißt, die Vertragsparteien handeln ihren Vertrag miteinander frei aus und legen in diesem, mittels der getroffenen Vereinbarungen, die gegenseitigen Rechte und Pflichten fest.

Die Regelungen des Werkvertrages sind nicht speziell auf die Belange des Bauens ausgelegt und befassen sich auch nicht mit der Thematik der Vergabe und Ausschreibung. Aus diesem Grunde gab es bereits in den zwanziger Jahren[20] dieses Jahrhunderts die Tendenz, bei den am Bau beteiligten Interessenvertretungen und der damaligen Regierung, eine Norm aufzustellen, die sich mit der speziellen Problematik von Ausschreibung, Vergabe, Bauvertrag und technischen Spezifikationen befaßt. Das Ergebnis dieser Bemühungen ist die Verdingungsordnung für Bauleistungen (VOB), die in drei Teile gegliedert ist. Der Teil A behandelt das Vorgehen vom Aufstellen der Leistungsbeschreibung und der Vergabeunterlage, bis hin zur Auswahl des Bieters. Der Teil B stellt eine Norm für die gegenseitigen Beziehungen der Vertragspartner nach Abschluß des Bauvertrages auf. Der Teil C beinhaltet die Allgemeinen Technischen Vertragsbedingungen, das sind die DIN Normen für Bauarbeiten aller Art.

Was stellt nun diese VOB dar? Verdingungsordnungen wie zum Beispiel die VOB, besitzen keine Rechtsnormqualität[21]. Weil sie von nichtstaatlichen Gremien erarbeitet und verabschiedet werden, bezeichnet man sie als Musterbedingungen. Die VOB bedarf einer besonderen Anordnung und hat den Rechtscharakter einer Verwaltungsvorschrift.

---

[20] Die erste VOB wurde 1926 herausgegeben.

[21] Vgl. Bechtold „Kartellgesetz Gesetz gegen Wettbewerbsbeschränkungen" Verlag Beck 1999

Der Teil A der VOB ist ein Leitfaden für Ausschreibung und Vergabe, der Teil B eine Allgemeine Geschäftsbedingung (AGB). Die VOB/ B kann soweit sie von den Vertragsparteien vereinbart wurde, anstelle der gesetzlichen Regelungen treten. Um Vertragsbestandteil zu werden, muß sie vereinbart sein. Sie gilt nicht automatisch bei Abschluß eines Bauvertrages.

Der Teil C wird Vertragsbestandteil, wenn die VOB/ B vereinbart worden ist, regelt aber nicht wie der B Teil die materiellen Bestimmungen nach Abschluß des Vertrages, sondern bezieht sich auf die technischen Vereinbarungen.

In der Praxis des Bauvertragswesens hat sich gezeigt, daß sowohl Auftraggebers als auch Bauunternehmer den vom Gesetzgeber eingeräumten Freiraum mißbraucht haben. Dabei versucht in den meisten Fällen einer der Vertragspartner, üblicherweise der wirtschaftlich überlegenere oder der erfahrenere, dem anderen vorformulierte Vertragsmuster[22] zu unterbreiten, die er zu akzeptieren hat. Diese zeichnen sich oftmals dadurch aus, daß die Vorteile eindeutig auf einer Seite liegen.

Darüber hinaus wird ebenso versucht, die ausgewogenen Regelungen der VOB/ B, mit sogenannten umfangreichen, über die VOB/ B hinausgehende Vertragsbedingungen, die vorrangige Geltung erhalten, zu umgehen. Auch hinter diesen steht häufig der Wille, Vorteile einseitig zu verlagern.

Solche Verträgen und den damit aufkommenden Streitigkeiten, konnte der Gesetzgeber nicht tatenlos zusehen. Daher trat am 1. April 1977 das Gesetz zur Regelung des Rechts der Allgemeinen Geschäftsbedingungen (AGBG) in Kraft.

Dieses Gesetz bewirkt, daß vertraglich vereinbarten Regelungen nichtig sein können. Vereinfacht ausgedrückt bedarf es dazu, daß sie mehrfach angewendet worden sind, nicht zur Disposition gestanden haben und mindestens einen Vertragspartner gegen den Grundsatz von Treu und Glaube benachteiligen. Das AGB - Gesetz kommt also nicht zur Anwendung, wenn der Vertrag frei ausgehandelt worden ist, oder erkennbar ist, das die einzelnen Bedingungen verhandelt und nicht aufgezwungen wurden.

Der Bauvertrag regelt die Rechte und Pflichten beider Vertragspartner, die die Ausführung betreffen. Er sollte dem Grundsatz der Ausgewogenheit genügen. Vertrag kommt von „sich vertragen". Die Parteien sollen den Vertrag also mit der Absicht schließen, ihre Beziehung konfliktfrei zu regeln und einen reibungslosen und optimalen Ablaufe zu gewährleisten. Einseitige Verschiebung von Vorteilen können unter Umständen vor dem Gesetz keinen Bestand haben.

---

[22] Vertragsmuster heißen im juristischen Sprachgebrauch Allgemeine Geschäftsbedingungen (AGB), worunter auch die VOB fällt.

1.2.2 Die Vertragsarten nach VOB/ A

An dieser Stelle werden die Vertragsarten, wie sie in der VOB/ A Abschnitt 1 und nach der VOB/ A Abschnitt 4 (VOB/ A – SKR), den EG -Sektorenrichtlinien beschrieben werden, einer genaueren Betrachtung unterworfen.

Beginnend mit den sogenannten Basisparagraphen, der VOB/ A Abschnitt 1, die den Abschnitten 2 und 3 als Grundlage dienen, ist voranzustellen, daß in den Basisparagraphen der VOB/ A Abschnitt 1 § 2, Absatz 1 grundsätzlich festgelegt wird, daß Bauleistungen zu angemessenen Preisen zu vergeben sind. Dieser Paragraph hat gegenüber dem § 5 einen höheren Stellenwert und ist somit den jeweiligen Vertragstypen voranzustellen.

Aus VOB/ A Abschnitt 1 § 2 Absatz 1 ergibt sich, daß sich die Preisgestaltung an den folgenden Punkten orientieren sollte:

Wert der Leistung als Grundlage

Aufgewendete Zeit

Verbrauchte Materialien

Leistung des Auftragnehmers

Hinzu kommt in alle vier Fällen ein Anspruch auf einen festzulegenden Gewinn.

Die nachfolgend erläuterten Vertragstypen der VOB/ A entsprechen nicht den Bestimmungen des Werkvertrages nach BGB. Darin sind sie unter den Sonderfall bzw. Unterfall[23] des Bauvertrages nach VOB einzuordnen. Das Ziel dieser Vertragstypen ist es, die Möglichkeiten des Entgeltes zu regeln. Sie haben sich die speziellen Gegebenheiten des Bauens zum Inhalt gemacht[24]. Auf weitere Typen des Werkvertagsrechtes soll in dieser Arbeit nicht eingegangen werden.

Die VOB/ A Abschnitt 1 § 5, kennt drei Vertragsarten, namentlich den:

Leistungsvertrag

Stundenlohnvertrag

Selbstkostenerstattungsvertrag.

---

[23] Vgl. Ingenstau/ Korbion „VOB Kommentar Teile A und B" Werner Verlag 1996

[24] Vgl. Heiermann/ Riedl/ Rusam „Handkommentar zur VOB Teile A und B" Bauverlag 1997

Der Leistungsvertrag teilt sich wiederum in zwei Untergruppen auf, den Vertrag mit Einheitspreisen und den mit Pauschalpreisen. Sie unterscheiden sich in der differenzierten Art der Vergütung der erbrachten Leistung.

Für die Anwender der Basisparagraphen erklärt die VOB/ A Abschnitt 1 § 5 Absatz 1, den Leistungsvertrag mit Einheitspreisen zur grundsätzlich anzuwendenden Vergütungsart. Er genießt Vorrang vor Stundenlohnvertrag und Selbstkostenerstattungsvertrag, wie auch vor dem Leistungsvertrag mit Pauschalpreis. Nur unter besonderen Umständen empfiehlt sie den Leistungsvertrag mit Pauschalpreis.

Diese Interpretation wird aus dem Wortlaut deutlich, wo es zum einen heißt: „Bauleistungen sollen so vergeben werden, daß die Vergütung nach Leistung bemessen wird..."[25], und zum anderen aus den Voranstellungen in den folgenden Absätzen der anderen Vertragstypen. Die Vergütung mit Pauschalsummen kann „... in geeigneten Fällen..."[26] erfolgen.

Die Vergütung der Leistung erfolgt beim Einheitspreisvertrag nach den tatsächlichen Mengen multipliziert mit dem Einheitspreis, der „...für technisch und wirtschaftlich einheitliche Teilleistungen, deren Menge nach Maß, Gewicht oder Stückzahl vom Auftraggeber in den Verdingungsunterlagen anzugeben ist"[27]. Die im Leistungsverzeichnis angegebenen auszuführenden Kubaturen beruhen auf Schätzungen, die tatsächlich angefallenen ergeben sich aus der Leistungserbringung. Daher ist nach dem Einheitspreisvertrag der Einheitspreis im Unterschied zum Gesamtpreis einzig und allein im Rahmen der festgelegten Mengen bindend. Bei einer Über- oder Unterschreitung des Mengenansatzes laut VOB/ B § 3 von 10% ist eine Vereinbarung eines neuen Einheitspreises möglich.

Für den Fall, daß ein Pauschalvertrag vereinbart werden soll, ist zu prüfen, ob Umfang und Art der Ausführung bereits in der Planungsphase genau bestimmbar sind und mit einer Änderung der Ausführung der Leistung nicht zu rechnen ist. Darüber hinaus sollte nach der VOB/ A die Bedingung erfüllt sein, daß die Beschreibung der zu erbringenden Leistung äußerst genau und erschöpfend erfolgt ist, um dem Bieter die Möglichkeit zu geben, seine Kalkulation ohne umfangreiche und kostenintensive Vorarbeiten sicher aufzustellen und anzubieten. Der Pauschalvertrag soll also kein Risikovertrag sein.

Der Pauschalvertrag kennt im Grunde keine Anpassung des Preises an die tatsächliche ausgeführten Mengen. Davon ausgenommen sind Fälle, bei denen an einem Festhalten am vereinbarten Pauschalpreis nach dem Grundsatz von Treu und Glaube oder durch einen vom Auftragnehmer nicht zu vertretenden Grund einer Partei nicht mehr zuzumuten ist. Darüber hinaus gelten die Pauschalpreise nicht für zusätzliche und geänderten Leistungen.

---

[25] VOB/ A Abschnitt 1 § 5 Nr. 1

[26] VOB/ A Abschnitt 1 § 5 Nr. 1 b

[27] VOB/ A Abschnitt 1 § 5 Nr. 1 a

Der häufig gebrauchte Begriff des Fest- oder Fixpreisvertrages, in dem jegliche Preisänderungen ausgeschlossen werden, fällt nicht unter den Leistungsvertrag mit Einheitspreis oder Pauschalpreis. Die VOB/ A kennt diese Terminologie nicht, weshalb er auch nicht Gegenstand ihrer Regelungen ist[28]. Vereinbarungen, die in keinem Fall eine Änderung des Vertragspreises zulassen sind bei Anwendung der VOB/ B nicht unbedingt haltbar. Vereinfacht dargestellt kann bei Abschluß eines Bauvertrages nach VOB auch der Pauschalpreis bei Eintreten besonderer Umstände, wie zum Beispiel Abweichen der Mengen in großem Maße, geändert werden[29]. Dieser Grundsatz gilt auch in bezug auf die funktionale Leistungsbeschreibung, im Falle, daß sie unter die Regelungen der VOB fällt.

Im Rahmen der weiteren Betrachtungen wird nur noch auf diese beiden Untergruppen des Leistungsvertrages, den Einheitspreisvertrag, dem die Leistungsbeschreibung mit Leistungsverzeichnis zu Grunde liegt, und dem Pauschalvertrag mit einem Leistungsprogramm, unter dem später die funktionale Leistungsbeschreibung eingeordnet werden soll, eingegangen.

Wie bereits im Kapitel Ausschreibung und Vergabe erläutert wurde, ist die Anwendung nach VOB/ A, der Abschnitte 1 bis 3 oder 4 von der Person bzw. dem Aufgabenbereich des Auftraggebers abhängig.

Die angeführten Erläuterungen zu den Vertragsarten, sind demnach nur für den Anwender der ersten drei Abschnitte nach VOB/ A verbindlich. Nach den EG - Sektorenrichtlinien, denen die Basisparagraphen nicht zu Grunde liegen, ist der Auftraggeber in der Regel nicht an den Einheitspreisvertrag gebunden. Es existieren diesbezüglich keinerlei Einschränkungen.

Jedoch muß festgestellt werden, daß nach VOB/ A Abschnitt 4 (VOB/ A – SKR) § 2 Bauleistungen an fachkundige, leistungsfähige und zuverlässige Unternehmer zu angemessenen Preisen zu vergeben sind[30]. Demzufolge hängt nach Heiermann eine ordnungsgemäße Vertragserfüllung auch von einer angemessenen Vergütung ab[31]. Schlußfolgernd muß der Auftraggeber bei einer Vergabe zu unangemessenen Preisen damit rechnen, daß die Bauleistung mit Mängeln behaftet sein kann.

Es kann daher dem Verwender der EG - Sektorenrichtlinien empfohlen werden, eine Reihe von Bestimmungen der Basisparagraphen zu übernehmen. Dazu gehören insbesondere auch die Grundsätze, daß die Vergütung einer Leistung nach der Leistung bemessen werden soll[32].

---

[28] Vgl. Ingenstau/ Korbion „VOB Kommentar Teile A und B" Werner Verlag 1996

[29] Vgl. Heiermann/ Riedl/ Rusam „Handkommentar zur VOB Teile A und B" Bauverlag 1997

[30] Vgl. „Verdingungsordnung für Bauleistungen VOB" Im Auftrag des Deutschen Verdingungsausschusses für Bauleistungen herausgegeben vom DIN Deutsches Institut für Normung e. V. Beuth Verlag GmbH Berlin Köln Ausgabe 1992

[31] Vgl. Heiermann/ Riedl/ Rusam „Handkommentar zur VOB Teile A und B" Bauverlag 1997

[32] Vgl. Heiermann/ Riedl/ Rusam „Handkommentar zur VOB Teile A und B" Bauverlag 1997

Als Fazit aus den in diesem Kapitel beschriebenen Regelungen sind drei Feststellungen zu treffen:
1. Die Person (persönlicher Geltungsbereich) und der Tätigkeitsbereich (sachlicher Geltungsbereich) des Auftraggebers legen die Art des anzuwendenden Vertrages fest.
2. Die Vertragsart bestimmt die Art der Vergütung, also die Möglichkeiten des Entgeltes für erbrachte Leistungen.
3. Die Vertragstypen haben einen Einfluß auf die Beschreibung der Leistung.

1.3 Die Leistungsbeschreibung

1.1.1 Die Leistungsbeschreibung im Allgemeinen

Um ein Bauwerk zu errichten, sind als erstes umfassende Planungs- und Entwurfsleistungen nötig, die vor dem eigentlichen Baubeginn abgeschlossen sein sollten. Diese münden in der Regel in die Leistungsbeschreibung, die die Grundlage der Verdingunsunterlagen und des Bauvertrages ausmacht und dem Bieter die von ihm geforderte Leistung erkennbar macht.

In wessen Pflichtbereich fallen nun diese „Vorarbeiten"? Die VOB legt im Teil A, Abschnitt 1 in § 1 Absatz 1 fest: „Bauleistungen sind Arbeiten jeder Art, durch die eine Bauleistung hergestellt, instandgehalten, geändert oder beseitigt wird." Die Interpretation dieser Definition legt nahe, daß die eigentliche Planung und der Entwurf nicht unter den Begriff der Bauleistung einzuordnen ist. Folglich würde sie damit grundsätzlich in den Aufgabenbereich des Auftraggebers fallen, wodurch bei diesem die Verantwortung für die darin gemachten Angaben läge. Die VOB/ A Abschnitt 1 in § 1 Absatz 1 läßt sich aber durchaus auch anders interpretieren. Der Anbieter, bzw. Auftragnehmer kann diese Leistung übernehmen, der Auftraggeber sie gesondert vergeben.

Gerichtliche Auseinandersetzungen zeigen immer wieder, daß der unmißverständlichen Beschreibung der zu erbringenden Bauleistung besondere Aufmerksamkeit geschenkt werden muß. Angaben sind oftmals pauschal, falsch oder überhaupt nicht vorhanden. Fehler dieser Art führen unweigerlich zu Mißverständnissen.

Diese Tatsache ist um so verwunderlicher, bedenkt man, daß es eine ausgesprochen umfangreiche und bewährte Vorschrift zum Aufstellen der Leistungsbeschreibung gibt. Der § 9 der VOB/ A Abschnitt 1, wird in der Literatur und Rechtsprechung immer wieder als das „Grundgesetz" der Leistungsbeschreibung bezeichnet[33].

Wie bereits erörtert, sind die Auftraggeber der öffentlichen Hand und eingegrenzter anderer Bereiche ohnehin dazu gezwungen, nach VOB/ A auszuschreiben. Darüber hinaus hat sie

---

[33] Vgl. Englert „Das „Grundgesetz" für die Leistungsbeschreibung von Tiefbauarbeiten: § 9 VOB/ A" Tiefbau 12/1995

jedoch nicht nur Gültigkeit für diesen Kreis von Auftraggebern, und auch nicht nur bei Vereinbarung eines Bauvertrages nach VOB/ B, dem VOB/ A als Grundlage dient. Der Bundesgerichtshof hat 1995 in einer Entscheidung den § 9 der VOB/ A Abschnitt 1, als Generalnorm für jede Ausschreibung bezeichnet. Das heißt, die daraus hervorgehenden Vorgaben sollten von allen Baubeteiligten beachtet werden, auch für den Fall, daß kein VOB - Vertrag, sondern ein Vertrag nach BGB abgeschlossen wurde[34].

Im VOB Kommentar von Heiermann findet sich ebenfalls ein Ansatz, der diese Meinung stützt. In einer Kommentierung des § 9, VOB/ A Abschnitt 1, heißt es darin: „In § 9 sind allgemeine Grundsätze für die Aufstellung der Leistungsbeschreibung enthalten, die auch für den BGB - Bauvertrag gelten."[35]

Der Basisparagraph § 9 sollte jeder Leistungsbeschreibung zu Grunde liegen, unabhängig von der Person und des Aufgabenbereiches des Auftraggebers.

1.3.1 Die Leistungsbeschreibung nach VOB/ A § 9

1.3.1.1 Allgemein gültige Regelungen

Der § 9 der VOB/ A Abschnitt 1, das „Grundgesetz" der Leistungsbeschreibung, beinhaltet sehr detailliert die Grundsätze zum Aufstellen einer Leistungsbeschreibung. Er ist in drei Abschnitte geteilt, einen allgemeinen, einen speziell für die Leistungsbeschreibung mit Leistungsverzeichnis und einen speziellen für die Leistungsbeschreibung mit Leistungsprogramm.

Die Nummern 1 bis 5 stellen allgemeine Anforderungen auf, die für beide genannten Ausschreibungsarten Gültigkeit haben. Sie sollen einen ordnungsgemäßen Ablauf des Wettbewerbes garantieren.

---

[34] Vgl. Heiermann/ Riedl/ Rusam „Handkommentar zur VOB Teile A und B" Bauverlag 1997

[35] Vgl. Heiermann/ Riedl/ Rusam „Handkommentar zur VOB Teile A und B" Bau verlag 1997

Sie verfolgen drei grundsätzliche Ziele:

Die geforderte Leistung muß so eindeutig beschrieben werden, daß sie von allen Bietern im gleichen Sinne verstanden wird und es ihnen möglich ist, ihre Preise sicher und ohne umfangreiche Vorarbeiten berechnen zu können.

Vom Auftraggeber wird gefordert, daß er in den Verdingungsunterlagen neben der erschöpfenden Leistungsbeschreibung auch alle noch weitere Angaben macht, die die einwandfreie Preisermittlung bzw. Kalkulation ermöglichen.

Die VOB/A verfolgt die Absicht, dem Bieter bzw. dem Auftragnehmer kein ungewöhnliches Wagnis aufzuerlegen.

Allgemeine Anforderungen nach Nr. 1 bis 5:
- eindeutige und erschöpfende Beschreibung
- keine Übertragung eines ungewöhnlichen Wagnisses auf den AN
- Angabe aller Einflüsse, die den Preis beeinflussen
- verkehrsübliche Bezeichnungen verwenden
- keine Festlegung von bestimmten Fabrikaten oder Materialien

Leistungsbeschreibung mit Leistungsverzeichnis nach Nr. 6 bis 9:
- Baubeschreibung mit Leistungsverzeichnis
- Beigabe von Zeichnungen, Probestücken und Berechnungen
- keine Angabe von Nebenleistungen
- LV nach Positionen gegliedert

Leistungsbeschreibung mit Leistungsprogramm nach Nr. 10 bis 12:
- der Entwurf wird dem Wettbewerb unterstellt
- Bauaufgabe wird beschrieben
- der Bieter muß sein Angebot eingehend erläutern
- der Bieter berechnet die Mengen

Abbildung 5: Die Leistungsbeschreibung nach VOB/A Abschnitt 1 § 9

Zum ersten Punkt ist hinzuzufügen, daß diese Forderung eine „Muß" Bedingung darstellt. In der Konsequenz bedeutet das auch, daß der Bauwillige für den Fall, daß er selbst nicht fachkundig ist, oder Spezialwissen von Nöten ist, einen Fachmann heranzuziehen hat.

Andererseits kann der Ausschreiber aber auch davon ausgehen, daß er Fachkundige anspricht, die mit den Aufgaben vertraut und der Fachausdrücke mächtig sind. Daraus ergibt sich, daß die Leistungsbeschreibung technische Angaben beinhalten muß, jedoch keine technischen Details. Der Auftraggeber muß im Zusammenhang mit dem Gebot der eindeutigen Leistungsbeschreibung darauf achten, daß er die üblichen Bezeichnungen, worunter insbesondere die Fachausdrücke fallen, verwendet. Diese Pflicht dient insbesondere der Verhinderung von Verwechslungen und Mißverständnissen.

Von besonderer Bedeutung ist diese Forderung für den Pauschalpreisvertrag. Gerade in diesem Fall ist es für den Bieter nur möglich, die Preise sicher und ohne umfangreiche Vorarbeiten zu berechnen, wenn ein fester Leistungsumfang gegeben ist[36]. Dem Auftraggeber stehen Leistungsbeschreibung mit Leistungsverzeichnis, in welchen alle Teilleistungen detailliert beschrieben werden, oder Leistungsbeschreibung mit Leistungsprogramm, welches nur Rahmenbedingungen vorgibt, zu Auswahl.

Mit den Anforderung dieses Paragraphen wird das Ziel verfolgt, einen freien Wettbewerb zwischen den Bietern zu erreichen und einen Preisvergleich unter den Angeboten zu bekommen. Er dient somit, wie überhaupt die VOB, einem ausgewogenen Verhältnis zwischen Auftraggeber und Auftragnehmer.

Der zweite Punkt drückt aus, daß der Auftragnehmer nur einwandfrei und sicher kalkulieren kann, wenn er möglichst alle beeinflussenden Umstände der Leistungserbringung kennt. Dazu ist es auch fast immer nötig, daß ihm die vorgesehene Verwendung und der Zweck des Bauwerkes bekannt sind, sowie die Beanspruchung und Nutzung. Baustellenverhältnisse, wie Grundwasser, Lage, Zufahrtsmöglichkeiten etc. sind ebenfalls in jedem Fall von Bedeutung.

Im Teil C der VOB, in den DIN – Normen, auch Allgemeine Technische Vertragsbedingungen für Bauleistungen genannt, sind zu jedem Gewerk Angaben zum Aufstellen der Leistungsbeschreibung gegeben. Der § 9 der VOB/ A, welcher wie Nr. 1 bis Nr.4 unabhängig von der Art der Leistungsbeschreibung Gültigkeit hat, weist in Nr. 4, Absatz (4) explizit darauf hin, den Teil C der VOB zu verwenden. An Hand seiner Regelungen sollen Verdingungsunterlagen aufgestellt werden.

Eng verbunden damit ist die Intention des dritten Punktes, in dem es wörtlich heißt: „Dem Auftragnehmer darf kein ungewöhnliches Wagnis aufgebürdet werden, für Umstände und Ereignisse, auf die er keinen Einfluß hat und deren Einwirkungen auf die Preise und Fristen er nicht im Voraus schätzen kann."[37]

---

[36] Vgl. Heiermann/ Riedl/ Rusam „Handkommentar zur VOB Teile A und B" Bauverlag 1997

[37] VOB/ A Abschnitt 1 §9 Nr. 2

Was aus der Interpretation dieses Paragraphen ersichtlich wird, ist, daß damit auf zwei Bereiche eingegangen wird:

    Auf die Übertragungen von Risiken im Bauvertrag

    Auf die Kalkulation des Bieters

Unter einem ungewöhnlichen Wagnis ist ein solches zu verstehen, das für den Bieter erheblich und von entscheidender Art ist, wie zum Beispiel die Übernahme der Haftung für höhere Gewalt oder die übertriebene Ausdehnung der Gewährleistungsfrist[38]. Keinen Einfluß hat der Auftragnehmer auf Einflüsse und Ereignisse, deren Abwendung außerhalb seiner Möglichkeiten liegen.

Es muß aber darauf hingewiesen werden, daß die VOB weder ein Gesetz noch Rechtsverordnung, noch Gewohnheitsrecht ist, sondern den Allgemeinen Geschäftsbedingungen zuzuordnen ist[39]. Sie ist nur von bestimmten Auftraggebern verpflichtend zu vereinbaren[40].

Es steht nach dem Grundsatz des BGB, daß Verträge frei vereinbart werden dürfen, den Parteien zu, jeden gemeinsam ausgehandelten Vertrag abzuschließen, die VOB nur teilweise anzuwenden oder sie zu verändern. Das Auferlegen eines ungewöhnlichen Wagnisses ist demnach zwar unerwünscht im Sinne der Ausgewogenheit der VOB, aber bei Abschluß eines Vertrages nicht grundsätzlich untersagt. Auftragnehmer können frei entscheiden welche Risiken sie übernehmen, wie auch Auftraggeber frei entscheiden können, welche sie übertragen. Die Grenzen in diesem Fall werden durch die Regelungen des Verstoßes gegen Treu und Glauben des § 242 des BGB, bzw. wenn sie diesem unterliegen, durch das AGB - Gesetz gezogen.

1.3.1.2 Die Leistungsbeschreibung mit Leistungsverzeichnis

Der zweite Abschnitt des § 9 Abschnitt 1 der VOB/ A, der die Nummern 6 bis 9 umfaßt, beinhaltet besondere Bestimmungen, die Gültigkeit erlangen für den Fall, daß die Leistung mit einer Leistungsbeschreibung mit Leistungsverzeichnis ausgeschrieben wird. Dieses ist für die Anwender des ersten bis dritten Abschnittes der VOB/ A die Regel.

Demnach soll die zu erbringende Leistung durch eine allgemeine

    Beschreibung der Bauaufgabe, mit Angaben über Art, Zweck und Nutzung des Bauwerkes, Konstruktion, örtliche Gegebenheiten und Arbeitsabläufe

---

[38] Vgl. Ingenstau/ Korbion „VOB Kommentar Teile A und B" Werner - Verlag 1996

[39] Vgl. Heiermann/ Riedl/ Rusam „Handkommentar zur VOB Teie A und B" Bauverlag 1997

[40] Siehe dazu Kapitel 1.1.1 „Einordnung des Auftraggebers"

Ein Leistungsverzeichnis, welches die Teilleistungen in gegliederter Form, d. h. von Hauptgruppen bis hin zu den verschiedenen Positionen mit Beschreibung der zu erbringenden Leistung und Mengenangaben, enthält

Gegebenenfalls durch ergänzende Darstellungen, Mengenangaben, Hinweise auf ähnliche Leistungen, Berechnungen etc.

Durch ein strukturiertes System

dargestellt werden.

Nicht gesondert aufzuführen sind Nebenleistungen, die zur Erbringung einer Leistung nötig, jedoch in der Ausführung und in ihrem Einfluß auf die Preise von untergeordneter Rolle sind[41].

In der Praxis gestaltet sich die Leistungsbeschreibung mit Leistungsverzeichnis folgendermaßen: Der Planer formuliert die Wünsche des Auftraggebers in der Leistungsbeschreibung in erster Linie durch Festlegung der Herstellungsverfahren, Baustoffe und der Konstruktion. Er setzt sie in technische Aktivitäten und die dazu benötigten Hilfsmittel um. Neben der verbalen Beschreibung greift er dabei auf Plänen und Zeichnungen zurück. Weitere wichtige Grundlage zur Preisermittlung ist die anhand der Planung aufgestellte Berechnung der Mengen.

Das zu erstellende Objekt wird in einheitliche Teilleistungen unter dem Gesichtspunkt technischer und wirtschaftlicher Kriterien zerlegt. Diese Teilleistungen sollten nach Mengen, Gewicht oder Stückzahl angegebene werden können. Dazu bedingt es einer detaillierten Vorplanung und Ermittlung der das Objekt betreffenden äußeren Umstände sowie der oben erwähnten Festlegungen.

Aus dieser Zerlegung entsteht das Leistungsverzeichnis, das in Ober- und Untergruppen aufgeteilt ist, und das schließlich die Positionen als Ergebnis enthält.

Die Vergütung beim Einheitspreisvertrag richtet sich nach dem Grundsatz, daß lediglich wirkliche ausgeführte, also erbrachte Leistungen, nach einem vereinbarten Satz finanziell abgegolten werden. Es wird nicht von den angegebenen Mengen der Planung ausgegangen, sondern von den tatsächlich ausgeführten. Diese können wegen Mängeln oder Fehlern in der Planung von denen des Leistungsverzeichnisses abweichen.

Die Ermittlung der Einheitspreise geht folgendermaßen vonstatten: Der Auftragnehmer kalkuliert nach den ausgewiesenen Mengen des Leistungsverzeichnisses, im Zuge der Ausschreibung auch Verdingungsunterlagen genannt, den Einheitspreis. Darüber hinaus ermittelt er den Positionspreis durch Multiplikation mit den ausgewiesenen Mengen. Aus der Addition der Positionspreise ergibt sich der Angebotspreis. Diese Preise, Einheitspreis, Positionspreis und Angebotspreis, gibt der Auftragnehmer im Angebot dem Auftraggeber ab.

---

[41] Vgl. DIN 18299 Abschnitt 4

Im Laufe der Herstellung werden die tatsächlich ausgeführten Mengen und Mengenansätze ermittelt und festgehalten. Die dem Auftragnehmer zustehende Vergütung ergibt sich aus Multiplikation der tatsächlichen Mengen mit dem Einheitspreis. Eine Addition der Positionspreise ergibt wieder den Gesamtpreis.

Es sei an dieser Stelle noch einmal erwähnt, daß bei Anwendung der VOB die Preise unter bestimmten festgelegten Umständen geändert werden können. Dieses findet zum einen darin seinen Ausdruck, daß die Positionspreise, also Einheitspreis multipliziert mit Vordermasse, nicht bindend sein müssen. Zum anderen kennt die VOB/ B Regelungen, die aussagen, daß die vom Auftragnehmer angebotenen Einheitspreise nur bis zu einer festgelegten Über- bzw. Unterschreitung der Vordersatzmengen verbindlich sind.

Die Folgerung aus diesem Vorgehen, die charakteristisch für die Leistungsbeschreibung mit Leistungsverzeichnis ist, muß sein, daß hierbei mit der Planung das Objekt bereits in einen festen Rahmen gegossen wird. Das heißt der Planer ist die Instanz, die nicht nur eine konstruktive und ästhetische Lösung vorschreibt, sondern teilweise auch schon, wie die Leistungserbringung vonstatten gehen soll. Die Leistungsbeschreibung kann dadurch auch nicht mehr prozeß- oder produktneutral sein, durch die Beschreibung sind bereits Grenzen gesetzt.

Die Anbieter und der spätere ausführende Unternehmer rücken somit in die Rolle des reinen Bearbeiters der Nachfrage. Das fachliche Wissen des Unternehmers geht nicht in die Planung ein, es ist auf den Planer beschränkt. Es besteht eine strikte Trennung zwischen dem Planenden und dem Ausführenden mit Abgrenzung der Aufgabenverteilung und Verantwortung.

Wie festgestellt, ist es dem Ausführenden nicht möglich, auf dem Wege der Ausschreibung seine eigenen Ideen, Verfahren, Materialien oder sein Wissen in das Objekt einzubringen. Dieses ist insofern positiv zu bewerten, da somit, wie erwähnt, eine klare Trennung der Verantwortlichkeiten der Bereiche der Umsetzung des Objektes feststeht. Auf diesem Wege ist eine Vergleichbarkeit der Angebote optimal gegeben. Unter der Voraussetzung, daß alle Bieter die Vorbedingungen nach § 25 VOB/ A, der Wertung der Angebote, erfüllen, findet ein reiner Preisvergleich statt.

Es bleibt anzumerken, daß der Bieter jedoch in der Praxis sehr wohl eine Möglichkeit hat, die auch in der VOB/ A § 25 Absatz 5, vorgesehen wird, sein Wissen und seine Erfahrung einzubringen. Dieses geschieht über ein sogenanntes Nebenangebot, das sich sowohl auf Materialien, Produkte, Konstruktion und Ausführung, als auch auf komplette Lösungen oder Teillösungen beziehen kann.

Die Konsequenz der Annahme eines Alternativangebotes ist, daß die ursprüngliche Planung hinfällig wird, Arbeit und entstandene Kosten umsonst waren.

Die Regelungen des zweiten und dritten Abschnittes der VOB/ A, die sogenannten „a" und „b" - Paragraphen, werden zusätzlich zu den Basisparagraphen des ersten Abschnittes verwendet. Sie stellen in diesem Fall, bezüglich des § 9, lediglich Ausnahmefälle bei der Verwendung gemeinschaftsrechtlicher zusätzlicher Spezifikationen dar, und sind für die weitere Betrachtung nicht von Interesse.

In der VOB/ A Abschnitt 4 (VOB – SKR) finden sich keine diesbezüglichen Regelungen. Aus der Nichterwähnung kann aber nicht der Schluß gezogen werden, daß die Grundsätze des Abschnittes 1 nicht auch für sie gelten[42]. Der Unterschied liegt vielmehr darin, daß der Auftraggeber, der an die VOB/ A Abschnitt 4 (VOB – SKR) gebunden ist, frei entscheiden kann, ob er mit Leistungsbeschreibung oder mit Leistungsprogramm ausschreibt. Verwendet er eine Leistungsbeschreibung, muß er sich im Sinne der Gleichbehandlung und des Wettbewerbes an die grundsätzlichen Regelungen der VOB/ A Abschnitt 1 halten.

1.3.1.3 Die Leistungsbeschreibung mit Leistungsverzeichnis im Tunnelbau

Tunnelbauwerke sind anspruchsvolle Ingenieurbauwerke. Nach wie vor ist es nicht möglich, verläßliche Aussagen bezüglich der beeinflussenden Baugrundparameter zu treffen. Letztendlich wird es trotz Bodengutachten und sonstiger Untersuchungen erst vor Ort Sicherheit über die Wahl der Abschlagslänge, Sicherung etc. geben. Dem Planer, der maßgebliche Parameter wie Ausbruchsklassenverteilung und damit in einer bestimmten Bandbreite einhergehende Abschlagslänge, Sicherungsmittel etc. festlegt, müssen fachübergreifendes Wissen, Erfahrung und ein gewisses Gespür für die Materie zu eigen sein.

Aus der Praxis heraus ist festzustellen, daß es bei vielen Tunnelbauprojekten im Verlauf der Ausführung zu Abweichungen von den vorgesehenen technischen Maßnahmen gekommen ist, die nahezu immer mit dem Baugrund in Verbindung gebracht werden können.

Die sich daraus ergebende Problematik im Hinblick auf das Aufstellen der Leistungsbeschreibung ist die Unsicherheit in bezug auf die auszuführenden Leistungen. Der Auftraggeber verfaßt die Leistungsbeschreibung vornehmlich aus den von ihm in Auftrag gegebenen geologischen Vorerkundungen, dem ingenieurgeologischen, hydrogeologischen und geomechanischen Gutachten.

Als Grundlage der Beschreibung sollte, wie bereits erläutert, der § 9 der VOB/A, Abschnitt 1, DIN 19299, die allgemeine Grundsätze enthält, sowie DIN 18312, die Norm zum Aufstellen der Leistungsbeschreibung für Untertagebauarbeiten herangezogen werden. Darüber hinaus kann zum Beispiel auch noch auf die „Zusätzlichen technische Vertragsbedingungen und Richtlinien für den Bau von Straßentunneln, Teil 1: Geschlossene Bauweise" (Spritzbetonbauweise), (ZTV - Tunnel, T1), Ausgabe 1995, oder andere Regelwerke, wie die „Druckschrift 853" der Deutschen Bahn AG zurückgegriffen werden[43].

Mit Hilfe der Leistungsbeschreibung und der angefügten Gutachten ermittelt der Bieter seine zu erbringende Leistung und Preise. Das diesbezügliche Verhältnis der Vertragspartner stellt

---

[42] Vgl. Heiermann/ Riedl/ Rusam „Handkommentar zur VOB Teile A und B" Bauverlag 1997

[43] Vgl. Maidl „Tunnelbau im Sprengvortrieb" Springer Verlag 1997

sich folgendermaßen dar: Es wird immer das Interesse des Auftraggebers sein, die geforderte Leistung zu einem angemessenen, möglichst niedrigen Preis zu bekommen, wohingegen der Auftragnehmer auf einen angemessenen Gewinn abzielt.

Dabei kommt der Leistungsbeschreibung das Ziel zu, ein ausgewogenes Verhältnis herzustellen, denn nur durch eine eindeutige Leistungsbeschreibung kann eine ordnungsgemäße Kalkulation der Preise erfolgen[44]. Diese Unterlagen müssen demnach auf jeden Fall alle benötigten Angaben in bezug auf Tragverhalten des Gebirges, zu erwartende Wasserverhältnisse, Angaben zu Sicherung und Ausbau enthalten.

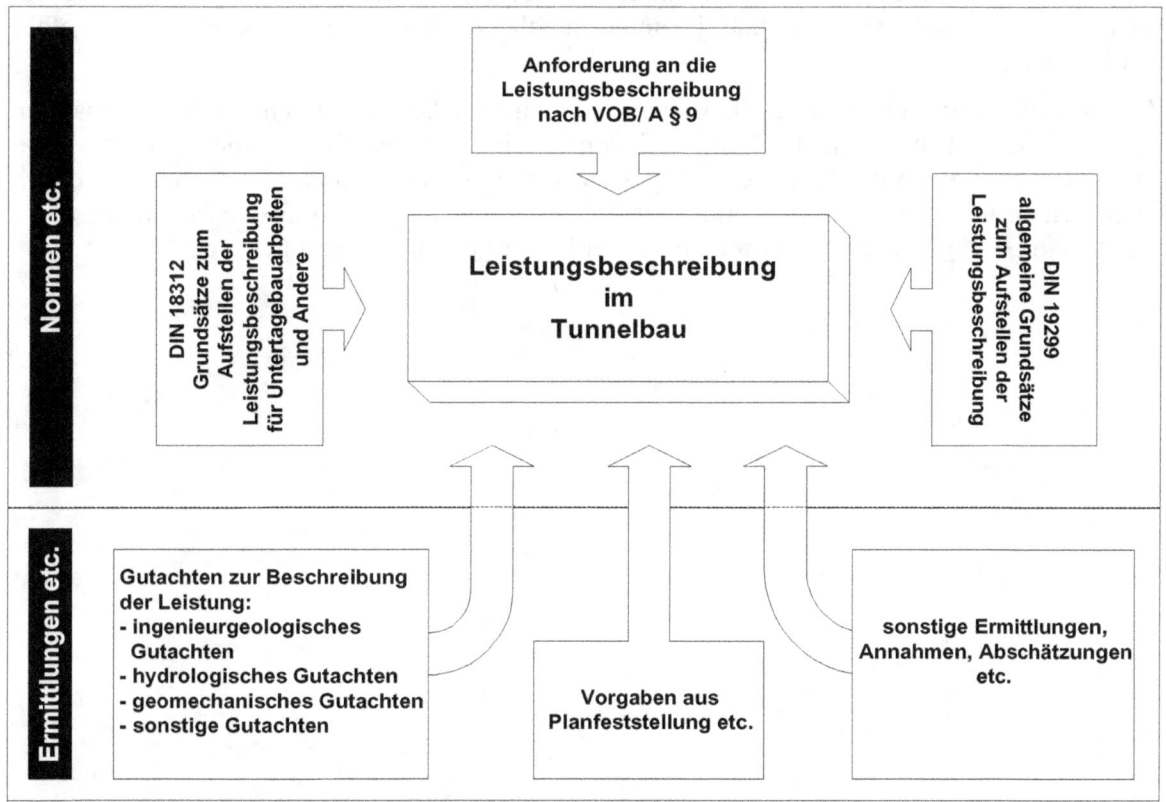

Abbildung 6: Die Leistungsbeschreibung im Tunnelbau

Dem vom den Vertragsparteien abgeschlossenen Bauvertrag liegt die Leistungsbeschreibung zu Grunde. Das tatsächlich angetroffene Gebirge wird aber erst verläßlichen Aufschluß darüber geben, wie ausgebrochen werden kann, welche Sicherungsmaßnahmen, welche Wasserhaltungsmaßnahmen etc. vorzunehmen sind. Diese drei Faktoren können je nach Umständen und Gegebenheit einen hohen bis sehr hohen Anteil der Baukosten ausmachen.

---

[44] Vgl. Schottke „Die VOB - gerechte Leistungsbeschreibung für den allgemeinen Tunnelvortrieb unter Berücksichtigung einer angemessenen Vergütung" Werner – Verlag 1993

Beide Parteien gehen ein Risiko ein, das nur in gewissem Umfang abzuschätzen ist. Ziel muß es demnach sein, daß der Bauvertrag diese zuvor erwähnten Besonderheiten berücksichtigt und mittels Regulaarien aufnimmt. Es gilt nicht nur in Hinsicht auf die Ausführung und Technik, Möglichkeiten einzubeziehen, die Änderungen gerecht werden. Darüber hinaus müssen auch die daraus resultierenden rechtlichen und wirtschaftlichen Ansprüche mit einbezogen werden. Von vorne herein sollten Meinungsunterschiede in Betracht gezogen werden, die in bezug auf Vergütung und Bauzeit durch geänderte Verhältnisse entstehen können, sowie die zu tragenden Risiken. Diese müssen in der Gestaltung der Leistungsbeschreibung und des Vertrages Eingang finden[45]. Verhandlungen werden sich um so schwieriger gestalten, je weniger eindeutig die vertraglichen Grundlagen sind und je unterschiedlicher das zu tragende Risiko aufgefaßt werden kann.

Zusammenfassend bleibt festzustellen, daß in den eigentlichen Interessen der Vertragspartner verschiedener Tunnelbauten keine Besonderheit festgestellt werden kann. Die Unvorhersehbarkeiten der Planung hingegen bedürfen gegenüber anderen Bauwerken jedoch einer weitaus umfassenderen Beachtung der Ausgewogenheit des Vertrages. Wie wird an diese Problematik bezüglich der Ausschreibung in der bisherigen Praxis herangegangen?

---

[45] Vgl. Schottke „Die VOB - gerechte Leistungsbeschreibung für den allgemeinen Tunnelvortrieb unter Berücksichtigung einer angemessenen Vergütung" Werner – Verlag 1993

1. Teil: Grundlagen aus BGB und VOB

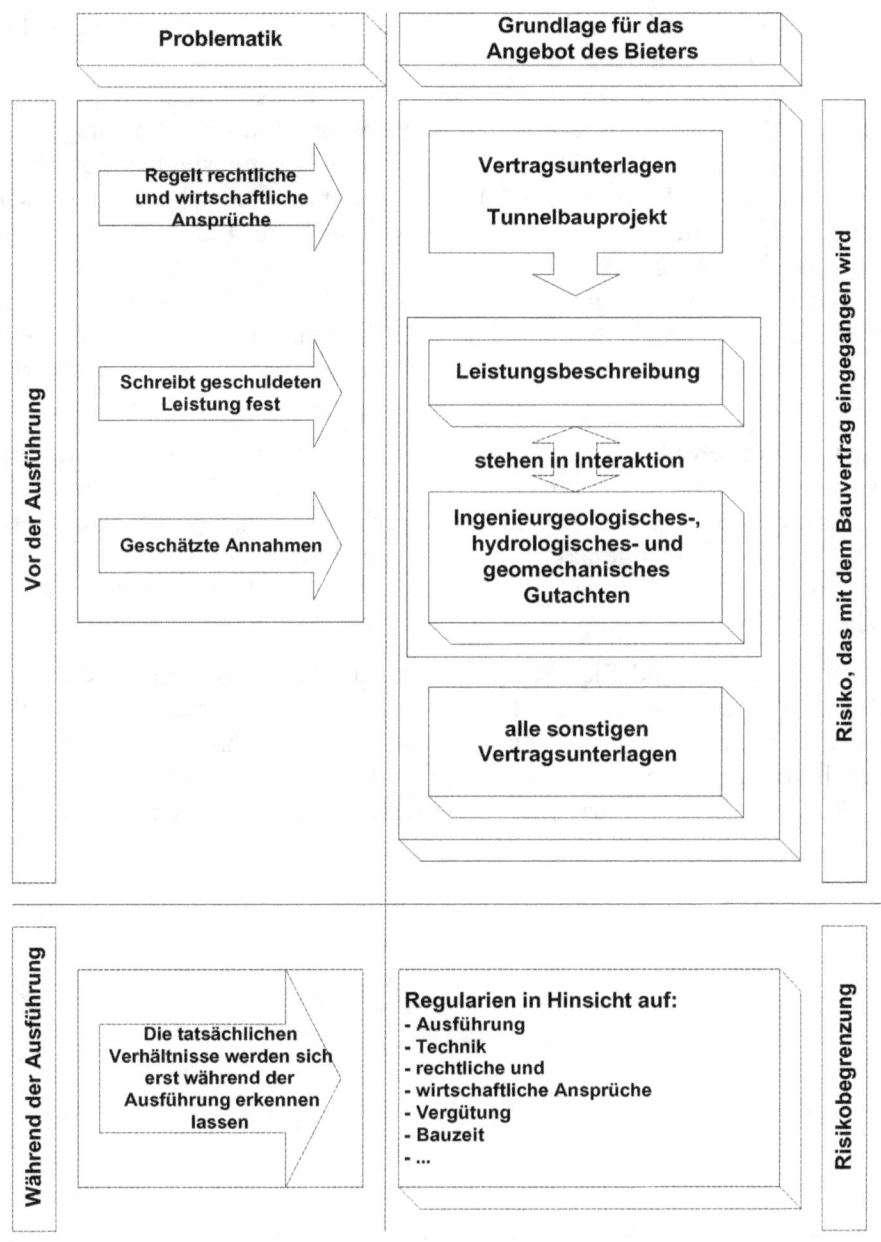

Abbildung 7: Problematik der Leistungsbeschreibung - Ausführung

In der Gegenwart und Vergangenheit werden und wurden im allgemeinen Tunnelbauwerke mit Leistungsbeschreibung mit Leistungsverzeichnis nach VOB/ A Abschnitt 1, § 9, und den bereits erwähnten Normen und Richtlinien ausgeschrieben. Es liegen genügend Erfahrungen mit dieser Form der Ausschreibung und des Bauvertrages vor, so daß die Problematik der Ausführung zwar nicht als zufriedenstellend gelöst, jedoch als anwendbar gilt. In der Praxis sieht die Gestaltung des Bauvertrages mit Leistungsbeschreibung mit Leistungsverzeichnis in Deutschland folgendermaßen aus: Der Planer interpretiert die angestellten Voruntersuchungen etc. und legt zuallererst die Form und Fläche des Hohlraumquerschnittes fest, schreibt das Bauverfahren und nahezu alle weiteren Verfahren etc. vor. Unter Beachtung dieser Daten wird die Vortriebsklassifizierung nach der DIN 18312 vorgenommen. Diese Vortriebsklassifizierung legt gleichzeitig den Ausbruch und die benötigten Sicherungsmaßnahmen fest sowie deren Abfolge und Umfang. Dabei ist darauf zu achten, daß eine ausreichende Bandbreite für beim Vortrieb auftretende Änderungen von vornherein mit einbezogen wird[46].

Die verschiedenen Vortriebsklassen, die nach den Voruntersuchungen und dem geologischen Gutachten anzutreffen sind, werden als Positionen aufgeführt. Dabei werden die Vortriebsklassen, die über das Bauwerk hin anzutreffen sind zu jeweils einer Position einer bestimmten Klasse zusammengefaßt. Der Mengenansatz ergibt sich rechnerisch aus Querschnitt, multipliziert mit der Summe der erwarteten einzelnen Längen[47]. Dieser wird an den Bieter weitergegeben.

Gebirgsverhalten, Ausbruch und Sicherung werden innerhalb bestimmter Bandbreiten durch die Vortriebsklassen festgelegt[48]. Zudem werden die Vortriebsklassen durch eine objektspezifische Beschreibung, wie zum Beispiel einen Rahmenplan, die sich an den geotechnischen, hydrogeologischen und sonstigen vorhandenen Beurteilungen des Baugrundes orientiert, ergänzt. Dadurch werden die nötigen Stützmaßnahmen über eine zweite Ebene beschrieben[49].

---

[46] Vgl. Maidl „Tunnelbau im Sprengvortrieb" Springer Verlag 1997

[47] Vgl. Schottke „Die VOB - gerechte Leistungsbeschreibung für den allgemeinen Tunnelvortrieb unter Berücksichtigung einer angemessenen Vergütung" Werner – Verlag 1993

[48] Vgl. Maidl „Tunnelbau im Sprengvortrieb" Springer Verlag 1997

[49] Vgl. Schottke „Die VOB - gerechte Leistungsbeschreibung für den allgemeinen Tunnelvortrieb unter Berücksichtigung einer angemessenen Vergütung" Werner Verlag 1993

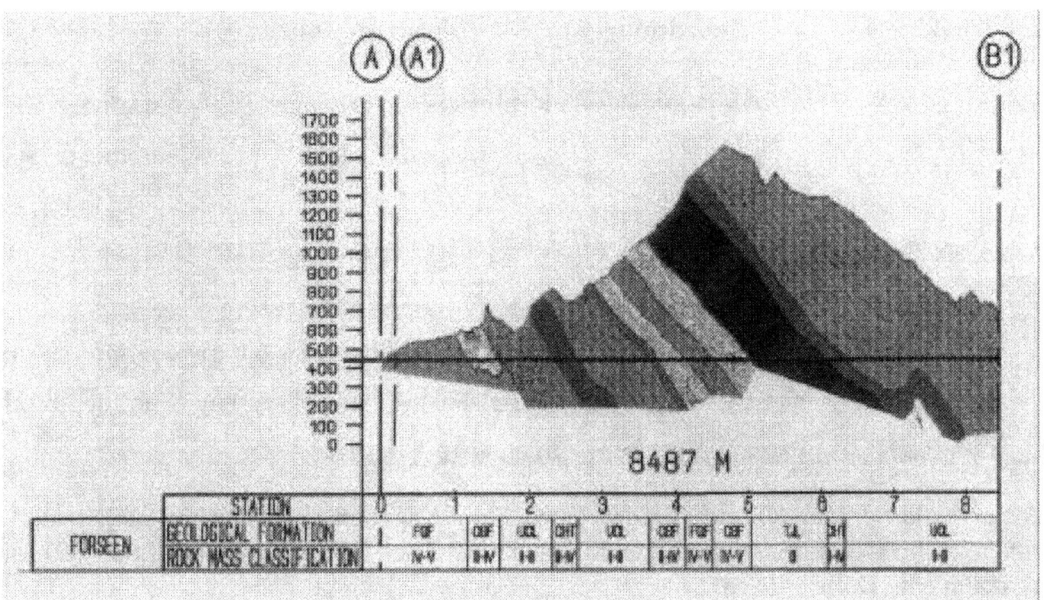

LV:	Position für VK III	Summe Länge aller VK III x A	=	2400 m³
	Position für VK IV	Summe Länge aller VK IV x A	=	6500 m³
	Position für VK V	Summe Länge aller VK V x A	=	3450 m³

Abbildung 8: Mengenermittlung der Vortriebsklassen über die Tunnellänge

Schließlich werden alle einzusetzenden Sicherungsmittel in einzelnen Positionen erfaßt, wie auch Wasserhaltungsarbeiten etc. Die in den Positionen eingesetzten Mengenvordersätze ergeben sich dabei aus den Bandbreiten und der objektspezifischen Beschreibung. Letztendlich also aus denen im Gutachten prognostizierten anzutreffenden Mengen, bzw. in Abhängigkeit vom prognostizierten Gebirge.

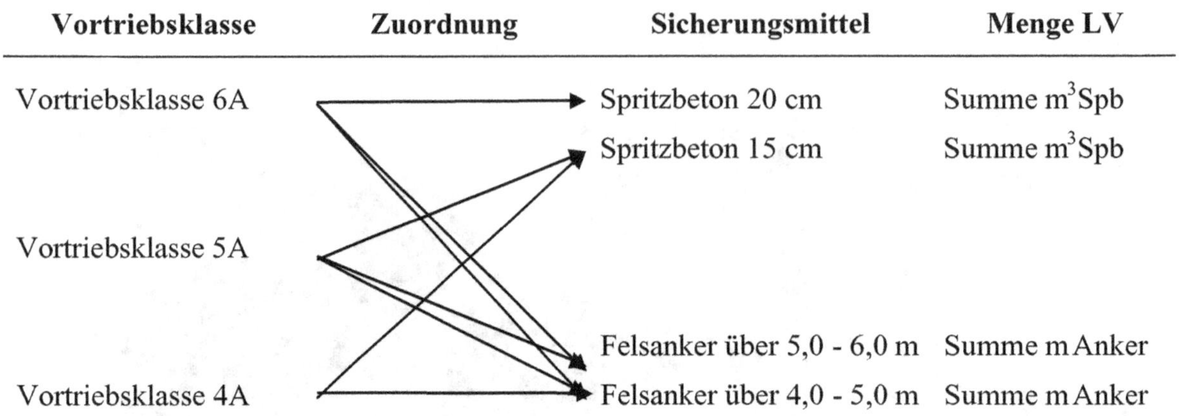

Vortriebsklasse	Zuordnung	Sicherungsmittel	Menge LV
Vortriebsklasse 6A		Spritzbeton 20 cm	Summe m^3 Spb
		Spritzbeton 15 cm	Summe m^3 Spb
Vortriebsklasse 5A			
		Felsanker über 5,0 - 6,0 m	Summe m Anker
Vortriebsklasse 4A		Felsanker über 4,0 - 5,0 m	Summe m Anker

Abbildung 9: Zuordnung der Sicherungsmittel zu den Vortriebsklassen

Der Bieter kalkuliert auf Grundlage der gemachten Angaben und Beschreibungen und gibt Einheitspreis und Gesamtpreis an. Eigene Einschätzung des Bodengutachtens und Erfahrungen werden dabei eine Rolle spielen.

Während der Vortriebsarbeiten legen Auftraggeber und Auftragnehmer die jeweils auszuführende Vortiebsklasse nach den tatsächlich angetroffenen Verhältnissen und auf Vorschlag des Auftraggebers fest[50].

Die Vergütung erfolgt nach den tatsächlich angetroffenen Verhältnissen und ausgeführten Mengen. Dabei hängen die einzelnen Positionen in der Beschreibungsebene des Leistungsverzeichnisses, im Gegensatz zur Vortriebsklasse, nicht voneinander ab. Jede wird einzeln betrachtet, die angefallenen Mengen berechnet und vergütet. Man versucht damit, eine Entkoppelung von Vortriebsklassen, Ausbruch und Sicherungsmitteln zu ermöglichen.

Bei Mengenüberschreitungen oder -unterschreitungen werden Grenzwerte festgelegt, bis zu denen der angebotene Einheitspreis Gültigkeit behält. Die VOB/ B, § 2 Nr. 3 legt diese für den Einheitspreisvertrag in den Grenzen von 10% einer Position fest.

---

[50] Vgl. Maidl „Tunnelbau im Sprengvortrieb" Springer Verlag 1997

1. Teil: Grundlagen aus BGB und VOB

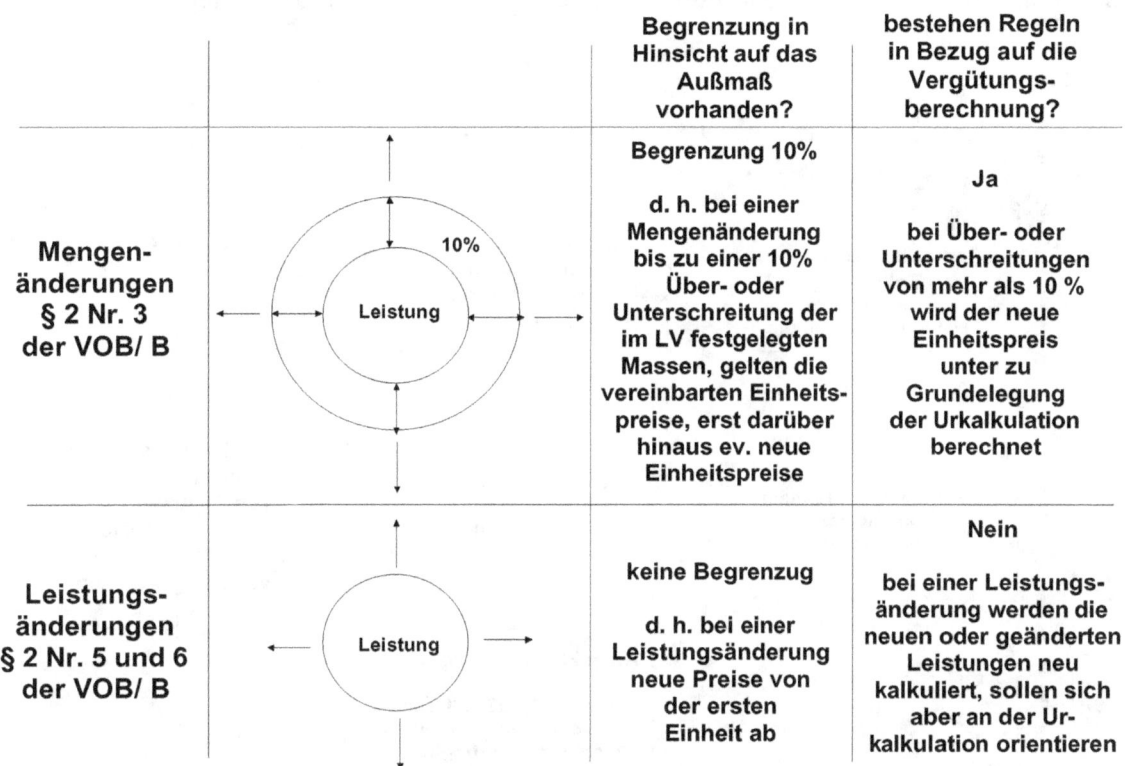

Abbildung 10: Behandlung von Leistungs- und Mengenänderungen nach der VOB/ B[51]

Treten Änderung in Form von zusätzlichen Leistungen oder geänderten ursprünglichen Leistungen auf, so muß die Handhabung derselben nach dem Vertrag geregelt werden, im Falle der Vereinbarung von VOB/ B § 2 Nr. 5 und 6.

Darüber hinaus hat der Bieter in seinem Angebot die einzelnen Vortriebsdauern für die prognostizierten Ausbruchsklassen angegeben. Somit können auch diese unabhängig von den Mengen angepaßt werden.

Die dem Vertrag zugrunde gelegte Leistungsbeschreibung wird immer als die Ausgangsbasis für die Analyse von Abweichungen zum einstigen Soll dienen. Bei einer Anpassung der Vergütung kommt es zu einem Regelkreis, der in Abhängigkeit von der Eindeutigkeit der Leistungsbeschreibung weniger oder besser funktioniert[52].

---

[51] Vgl. Schottke „Die VOB - gerechte Leistungsbeschreibung für den allgemeinen Tunnelvortrieb unter Berücksichtigung einer angemessenen Vergütung" Werner – Verlag 1993

[52] Vgl. Schottke „Die VOB - gerechte Leistungsbeschreibung für den allgemeinen Tunnelvortrieb unter Berücksichtigung einer angemessenen Vergütung" Werner – Verlag 1993

Eine veränderte Vergütung bedarf immer erst des Nachweises einer geänderten Leistung.

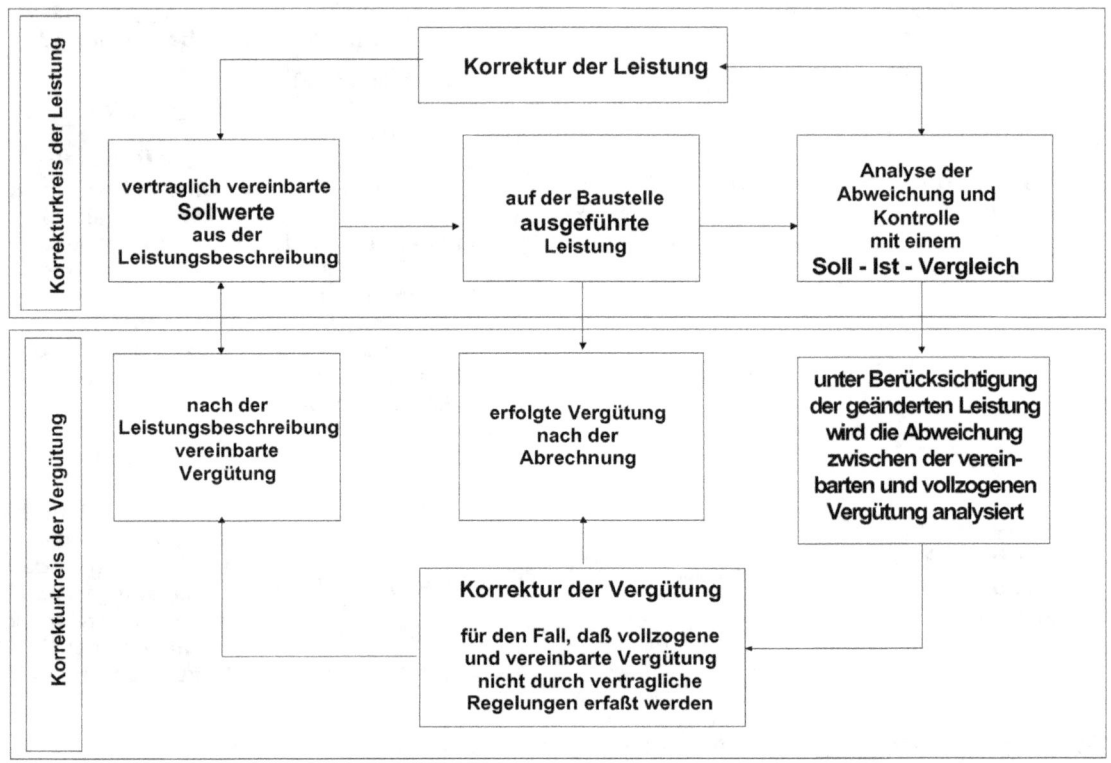

Abbildung 11: Korrekturkreis der Leistung und Vergütung

Mit dieser Form der Ausschreibung, einer Separation von Vortriebsklasse und Stützmittel, werden jedoch auch gewisse Probleme in bezug auf Kalkulation und Vergütung aufgeworfen. Insbesondere ist eine mengenmäßige Zuordnung nicht mehr nachvollziehbar. Die Leistungsbeschreibung legt zwar insgesamt die Mengen der Stützmaßnahmen fest, es ist aber unklar, welche Stützmaßnahmen zu den einzelnen Ausbruchsklassen innerhalb der angegebenen Bandbreite erfolgen sollen[53]. Dadurch kann der Bieter die mittlere Vortriebsleistung innerhalb einer Vortriebsklasse nicht ordnungsgemäß kalkulieren, die Bandbreite der einzusetzenden Stützmittel ist zu groß.

---

[53] Vgl. Schottke „Die VOB - gerechte Leistungsbeschreibung für den allgemeinen Tunnelvortrieb unter Berücksichtigung einer angemessenen Vergütung" Werner – Verlag 1993

In der Folge können sich daraus Unstimmigkeiten in bezug auf Abrechnung und Bauzeitanpassung ergeben[54]. Werden mehr oder weniger Stützmittel in einer bestimmten Ausbruchsklasse benötigt, als vom Auftragnehmer kalkuliert, so wirkt sich dieses unmittelbar auf die Bauzeit aus.

Über den Rahmenplan, also die zweite Ebene der Beschreibung können diese Probleme zwar entschärft, nicht jedoch ausgeräumt werden.

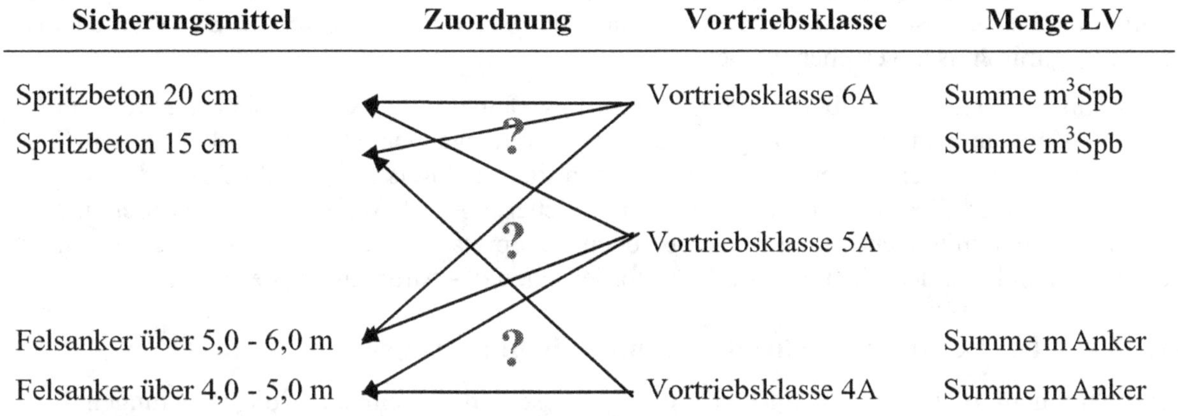

Sicherungsmittel	Zuordnung	Vortriebsklasse	Menge LV
Spritzbeton 20 cm		Vortriebsklasse 6A	Summe m³ Spb
Spritzbeton 15 cm			Summe m³ Spb
		Vortriebsklasse 5A	
Felsanker über 5,0 - 6,0 m			Summe m Anker
Felsanker über 4,0 - 5,0 m		Vortriebsklasse 4A	Summe m Anker

Abbildung 12: Rückverfolgung der Sicherungsmittel zu den Vortriebsklassen

Eine Verschiebung der Vortriebsklassen bereitet in der Ausführung ein Problem in bezug auf Bauzeitanpassung und Vergütung. Verschieben sich die im Leistungsverzeichnis angegebenen Vortriebsklassen, so wird dieses unweigerlich auch eine Verschiebung der Bauzeit nach sich ziehen, da diese von den festgelegten mittleren Vortriebsleistungen abhängig ist, die sich infolge in Summe anders als veranschlagt einstellen. Die Bauzeitanpassung ist in diesem Fall im allgemeinen kein Problem. Es stellt sich aber die Frage, ob mit Bauzeitverlängerung oder -verkürzung und angepaßter Vergütung über die ausgeführten Mengen auch tatsächlich die entstandenen Kosten gedeckt werden.

Können Vergütungsansprüche und Terminverschiebungen mit der Leistungsbeschreibung mit Leistungsverzeichnis im Tunnelbau trotz der angesprochenen Probleme relativ gut bewältigt werden, so werden Termin- und Kostensicherheit als Bedürfnis der Beteiligten hingegen nicht befriedigend gelöst. Folglich liegt es im Interesse von Auftraggebern und Auftragnehmern nach verbesserten Lösungen oder Modellen zu suchen.

In Österreich wird das Problem der Zuordnung der Stützmaßnahmen zu den Vortriebsklassen und den damit in Zusammenhang stehenden Vergütungsansprüchen zufriedenstellender gelöst. Die diesbezügliche ÖNorm B 2203 „Untertagebauarbeiten" regelt die Klassifizierung des

---

[54] Vgl. Anhang „Sonderformen der Leistungsbeschreibung" – Mittels der flexiblen Leistungsbeschreibung wurde versucht dieses Problem zu lösen, indem Sicherungsmittel unabhängig von der Ausbruchsklasse kalkuliert werden.

Gebirges und legt die voraussichtlichen Stütz- und Ausbaumaßnahmen fest. Nach Art des Vortriebs wird anschließend eine charakteristische Stützmittelzahl berechnet. In einer Matrix wird diese als zweite Ordnungszahl horizontal aufgetragen. Die erste Ordnungszahl, die vertikal aufgetragen wird, ergibt sich aus der erwarteten maximalen Abschlagslänge. Die Schnittpunkte ergeben Felder, für die der Auftragnehmer garantierte Einheitspreise und garantierte Abschlagslängen pro Arbeitstag zusichern muß. Indem die danebenliegenden horizontalen Felder ebenfalls auszufüllen sind, ergibt sich eine Bandbreite der Vergütung. Somit wird eine abschätzbare Kostensicherheit herbeigeführt[55], indem die Bandbreiten der Sicherung mit Preisen versehen werden.

Im Rahmen der Ausschreibung, Vergabe und des Bauvertrages der Neubaustrecke Köln – Rhein/ Main umgeht der Auftraggeber die im Vorangegangene Problematik gänzlich. Der Auftragnehmer gibt einen vertraglich garantierten Pauschalpreis für jede Ausbruchsklasse pro Laufmeter an. In diesen hat er alle Kosten für Sicherung und Ausbau einzukalkulieren. Die Wahl der Stützmittel entspricht seiner eigenen Interpretation der zur Verfügung gestellten Gutachten und muß lediglich die Mindestanforderungen des Auftraggebers erfüllen[56].

1.3.1.4 Die Leistungsbeschreibung mit Leistungsprogramm

Die Nummern 10 bis 12 des § 9 der VOB/ A Abschnitt 1, beinhalten die Regelungen zum Aufstellen einer Leistungsbeschreibung mit Leistungsprogramm. Diese sollte nach den Bestimmungen des Abschnitte 1 bis 3 der VOB/ A einen Ausnahmefall darstellen.

Gleichzeitig wird darin dieser Ausnahmefall auch erläutert: Zum einen, wenn der Entwurf dem Wettbewerb unterstellt werden soll. Zum anderen kann eine Leistungsbeschreibung mit Leistungsprogramm beispielsweise zweckmäßig sein, wenn dem Bieter freigestellt werden soll, welche technische Lösung er anwendet, und wie er dieses aufgliedert, falls mehrere zur Auswahl stehen.

Für die Leistungsbeschreibung mit Leistungsprogramm gilt:

> Sie soll aus einer Beschreibung der Bauaufgabe bestehen, mit Hilfe derer der Bieter alle für die Entwurfsbearbeitung und sein Angebot wichtigen Bedingungen und Umstände ersehen kann.

> Der Zweck der fertigen Leistung, sowie die an sie gestellten technischen, gestalterischen, wirtschaftlichen und funktionsbedingten Anforderungen sollen ersichtlich sein.

> Es soll eventuell ein Musterleistungsverzeichnis mit ganz oder teilweisen offenen Mengenangaben beigestellt werden.

---

[55] Vgl. Maidl „Tunnelbau im Sprengvortrieb" Springer Verlag 1997

[56] Vgl. Projektstudie „Ausschreibung und Vergabe der Neubaustrecke Köln – Rhein/ Main" Kapitel „Sicherung"

Ansonsten gelten die Grundsätze der Leistungsbeschreibung mit Leistungsverzeichnis in bezug auf Muster, Vertragsbedingungen und Aufgliederung analog.

Die Ausnahmestellung der Leistungsbeschreibung mit Leistungsprogramm resultiert aus dem gleichen Grunde, aus dem ihre Anwendung erfolgen soll: Neben der Ausführung wird auch die Entwurfsplanung dem Wettbewerb unterstellt. Planungsleistungen, die sonst Aufgabe des Auftraggebers sind, werden dem Bieter übertragen. Das hat zur Folge, daß nicht ein vom Auftraggeber eingesetzter Planer die Planung erstellt, sondern jeder Bieter getrennt für sein Angebot. Dadurch können Bieter benachteiligt werden, die nicht in der Lage sind, diese Leistungen eigenständig zu erbringen, weil es ihre Kapazitäten nicht ermöglichen. Der Wettbewerb kann von vorne herein eingeschränkt werden, was den Grundsätzen der VOB/ A Abschnitt 1 § 2 widerspräche[57].

Darüber hinaus stellt sich aus der Problematik der Entschädigung der Kosten der Bearbeitung des Angebotes die Frage, ob sie überhaupt öffentlich sein kann. Das Verhältnis zwischen der Chance, den Zuschlag zu erhalten und der enorm hohen Kosten der Auftragsbearbeitung, kann nur ausgeglichen sein, wenn der Bieterkreis eingeschränkt wird. Daher wird zu Recht darauf hingewiesen, daß nach VOB/ A Abschnitt 1 § 20 Nr. 2 Abs. 1, der Bieter eine angemessene Entschädigung bei Ausschreibung mit Leistungsbeschreibung mit Leistungsprogramm, zu erhalten hat, und der Auftraggeber nicht die gesparten Kosten mehrfach den Bietern aufbürden kann.

Ein weiterer Grund ist die Problematik der Vergleichbarkeit der Angebote, die aus den Besonderheiten der Leistungsbeschreibung mit Leistungsprogramm resultiert.

Die VOB/ A stellt strenge Kriterien an den Auftraggeber in bezug auf das Aufstellen der Leistungsbeschreibung, die Vollständigkeit und Eindeutigkeit. Nur dann können die Angebote vergleichbar werden.

Eine weitere Besonderheit ist, daß durch die Leistungsbeschreibung mit Leistungsprogramm Aufgaben, und somit auch Risiken, vom Auftraggeber auf den Bieter übertragen werden.

Abschließend bleibt festzustellen, daß auch diese Regelungen des Basisparagraphen keine Änderungen durch die „a" und „b" - Paragraphen erfahren, sehr wohl aber durch den Abschnitt 4.

Der Abschnitt 4 der VOB/ A (VOB – SKR) kennt die strengen Regelungen der Basisparagraphen nicht. Darüber hinaus ist er auch nicht ergänzend zu den Basisparagraphen gedacht, sondern eigenständig und unabhängig anzuwenden.

Danach kann der Auftraggeber nicht nur in den beschriebenen Sonderfällen, sondern grundsätzlich mit einer Leistungsbeschreibung mit Leistungsprogramm ausschreiben.

---

[57] Vgl. Heiermann/ Riedl/ Rusam „Handkommentar zur VOB Teile A und B" Bauverlag 1997

Mangels praktischer Erfahrungen, insbesondere gerichtlicher Entscheidungen zu diesem Thema, fehlt es noch an Übereinstimmung zur Auslegung dieses Paragraphen des Abschnittes 4. In einer Stellungnahme von Heiermann findet man so zum Beispiel eine gegensätzliche Auffassung in bezug auf das Verständnis des § 6 der VOB/ A Abschnitt 4 (VOB/ A – SKR). Heiermann nimmt folgende Position ein: „In VOB/ A - SKR ist anders als in § 9 Nr. 1 und 2 VOB/ A - Abschnitt 1 nicht verlangt, daß die Leistung eindeutig und erschöpfend zu beschreiben ist. Aus der Nichterwähnung kann aber nicht der Schluß gezogen werden, daß diese Grundsätze der Leistungsbeschreibung nach Abschnitt 1 nicht auch für die SKR - Vergabe gelten sollten. Auch nach VOB/ A - SKR (§ 2 Nr. 1) ist die Diskriminierung eines Wettbewerbers verboten."[58]

Heiermann steht also auf dem Standpunkt, daß die Leistungsbeschreibung mit Leistungsprogramm auch im Falle der Anwendung der VOB/ A Abschnitt 4 (VOB – SKR) immer nur eine Ausnahme darstellen könne. Die Begründung wird über folgenden Umweg gegangen: Die VOB/ A Abschnitt 4 (VOB/ A – SKR) enthält keine Regelungen bezüglich der Beschreibung der Leistung. Das Diskriminierungsverbot nach § 2 VOB/ A Abschnitt 4, ist aber auch ihr zu eigen. Eine mangelhafte Leistungsbeschreibung würde aber einerseits besonders fachkundigen oder mit dem Projekt vertrauten Bietern einen Vorteil einräumen, und andererseits somit wieder andere Bieter diskriminieren. Der Grundsatz, daß die Leistungsbeschreibung von allen gleich verstanden können werden soll, würde damit außer Kraft gesetzt.

Eine Bewertung dieser Stellungnahme entzieht sich der fachlichen Qualifikation des Ingenieurs. Die daraus sich ergebende Aussage ist, daß, wenn mit Leistungsprogramm bei Anwendung der VOB/ A Abschnitt 4 (VOB – SKR) ausgeschrieben wird, dem Aufstellen der Leistungsbeschreibung ein besonderes Maß an Sorgfalt entgegengebracht werden muß, um nicht gegen den Grundsatz der Gleichbehandlung und des Wettbewerbs zu verstoßen.

---

[58] Heiermann/ Riedl/ Rusam „Handkommentar zur VOB, 7. Auflage, Bauverlag 1994, Seite 780

2 Teil: Die funktionale Leistungsbeschreibung

2.1 Die funktionale Leistungsbeschreibung im Allgemeinen

Die funktionale Leistungsbeschreibung stammt ursprünglich aus dem Bereich des Brückenbaus. Dort wurde sie in den sechziger Jahren erstmalig angewendet, um den Bieter bei komplizierten Brückenbauwerken spezielle technische Lösungen anbieten zu lassen. Größere Bedeutung erlangte die funktionale Leistungsbeschreibung aber erst Anfang der siebziger Jahre, seitdem sie vorwiegend im weitestgehend standardisierten schlüsselfertigen Hochbau angewandt wird[59]. Insbesondere bei Bauwerken des Massenbedarfs, wie zum Beispiel Wohnblöcken, Krankenhäusern, Fabrikhallen etc., bei welchen Unterschiede in Planung, Konzept und Ausführung von geringer Bedeutung sind, und die Risiken weitestgehend abgeschätzt werden können. Davon ausgehend findet sie neuerdings vereinzelt Anwendung im Tiefbau.

Die funktionale Leistungsbeschreibung stellt einen in der Baupraxis verwendeten Begriff dar, der in den rechtlichen Vorschriften noch immer keine Grundlage findet[60]. Sie hat aber mittlerweile Eingang in die Praxis, und in der Rechtsprechung Widerhall gefunden. Sie wird oftmals pauschal als Leistungsbeschreibung mit Leistungsprogramm nach VOB/ A § 9 Nr. 10 bezeichnet.

Dieser Vergleich trifft nur zu, wenn sich die funktionale Leistungsbeschreibung nach den folgenden Grundsätzen richtet:

Die funktionale Leistungsbeschreibung muß die Voraussetzung der Leistungsbeschreibung mit Leistungsprogramm nach § 9 Nr. 10 bis 12 nach VOB/ A erfüllen.

Alle wesentlichen fachtechnischen Bestimmungsgrößen müssen in der Ausschreibung festgelegt sein.

Es muß gewährleistet sein, daß alle eingehenden Angebote vergleichbar sind.

Aus der funktionalen Leistungsbeschreibung muß für alle Bewerber gleichermaßen erkennbar sein, was sie für die Entwurfsbearbeitung und das Angebot an maßgebenden Bedingungen und Umständen zu beachten haben. Darüber hinaus sind der Zweck, die technischen, wirtschaftlichen, gestalterischen und funktionsbedingten Anforderungen an die fertige Leistung anzugeben. Dazu können auch Grundlagen, Planungsziele, sowie alle sonstigen Umstände, die

---

[59] Vgl. „Funktionale Leistungsbeschreibung für Verkehrstunnelbauwerke - Möglichkeiten und Grenzen für die Vergabe und Abrechnung" DAUB - Empfehlung "Funktionale Leistungsbeschreibung für Verkehrstunnelbauwerke DAUB Tunnelbau Heft 4/1997

[60] Vgl. Heiermann „Unternehmerrisiken bei funktionalen Leistungsbeschreibungen, Teil I und II" Bauwirtschaft 8/1997 und 9/1997

den Wettbewerb beeinflussen, Kenngrößen, eventuelle Muster und Leistungsverzeichnisse gehören[61].

Davon wird von nun an ausgegangen, wenn der Begriff der funktionalen Leistungsbeschreibung Verwendung findet.

Die funktionale Leistungsbeschreibung unterscheidet sich grundsätzlich von der klassischen Leistungsbeschreibung mit Leistungsverzeichnis in wesentlichen Punkten. Der Auftraggeber bestellt das fertige und seinen Zweck und die Ansprüche erfüllende Objekt und nicht Wände, Decken und Dach.

Vereinfacht ausgedrückt, geht es bei der funktionalen Leistungsbeschreibung um das Denken in Anforderungen und Eigenschaften[62]. Dabei beschreibt sie folgenden Weg: Nicht die in Leistungsgruppen gegliederten und auf Gewerke aufgeteilten Arbeiten werden beschrieben und nach Einheiten abgerechnet. Vielmehr bietet die funktionale Leistungsbeschreibung im Bauwesen die Möglichkeit, daß bei der Beschreibung des zu erstellenden Bauwerkes auf die Anforderungen, die aus der späteren Nutzung und den Randbedingungen der Erstellung resultieren, zurückgegriffen wird. Der Auftraggeber beschreibt seinen Wunsch in Beziehung auf (qualitative) Anforderungen, deren Quantifizierung, ein Nachweisverfahren und Bewertungsverfahren. Der Auftragnehmer hingegen bietet unter Einbringen seines Könnens und seiner Erfahrung eine geeignete individuelle Lösung an.

Als Resultat können damit unter Umständen alternative Lösungen mit unterschiedlichen Konstruktionen und unterschiedlichen Materialien vergleichbar gemacht[63] werden. Nicht eine bestimmte Lösung für ein Projekt wird vorgeschrieben, vielmehr wird das Leistungsziel vorgegeben und die erwarteten Ergebnisse.

Nicht nur die Bauausführung, sondern auch der Entwurf der Leistung wird dem Wettbewerb unterstellt. Dieses ist für den Fall sinnvoll, soll es auf Grund der Verschiedenheit der möglichen technischen oder planerischen Lösungen, dem Bieter freigestellt werden, welche Variante er auswählt.

Das Ergebnis einer funktionalen Leistungsbeschreibung kann nicht nur eine Lösung sein, es muß mehrere geeignete geben.

Insbesondere unterscheidet sich diese Form der Leistungsbeschreibung auch in der Verantwortlichkeit der zu erbringenden Vorleistungen und der Abgrenzung der zu tragenden Risiken.

---

[61] Vgl. Heiermann „Unternehmerrisiken bei funktionalen Leistungsbeschreibungen, Teil I und II" Bauwirtschaft 8/1997 und 9/1997

[62] Vgl. Sulzer „Funktionale Leistungsbeschreibung" Schweizer Baublatt Nr. 90 1976

[63] Vgl. Sulzer „Funktionale Leistungsbeschreibung" Schweizer Baublatt Nr. 90 1976

Wenn das Ergebnis einer Ausschreibung mehrere Lösungen für ein und dasselbe Projekt sind, stellen sich damit unweigerlich zwei Fragen, die beantwortet werden müssen.

Worin liegt der Vorteil, wenn ein Projekt mitsamt der Planung ausgeschrieben wird und mehrere Lösungen angeboten werden?

Wie sollen unterschiedliche Lösungen verglichen werden können, um festzustellen, welcher der Vorzug zu geben ist?

Der Vorteil mehrerer Lösungen:

Die Frage, worin der Vorteil mehrerer Lösungen liegt und wie unterschiedlich diese tatsächlich sind bzw. überhaupt sein dürfen, ist unmittelbar mit der Entscheidung verknüpft, in welchem Stadium der Projektierung die funktionale Leistungsbeschreibung ansetzt[64].

Die funktionale Leistungsbeschreibung reduziert den unternehmerischen Wettbewerb nicht auf eine reine Preiswettbewerb. Für Bieter ist sie eine Aufgabenbeschreibung, die alternatives Planen ermöglicht und Grundlage eines Wettbewerbes des technischen Wissens darstellt.

Die Vergleichbarkeit der Angebote:

Der Auftraggeber muß sich darüber im klaren sein, nach welchen Maßstäben er bewertet und auswählt. Dem Bieter ist dieses Entscheidungsverfahren bekannt zu geben. Die Anforderungen und der Nutzen des Projektes haben hierarchisch und meßbar gegliedert zu sein.

Grundsätzlich muß eine funktionale Leistungsbeschreibung die folgenden Angaben enthalten[65]:

Eine grundsätzliche, eventuell auch qualitative, Anforderung des Produktes

Die Quantifizierung dieser Anforderungen

Das Nachweisverfahren für diese

Das Bewertungsverfahren mit Hilfe dessen der Auftraggeber seine Auswahl trifft

Eine Aufstellung solcher Merkmale ist in pauschaler Form nicht sinnvoll, da die speziellen Gegebenheiten des Einzelfalls den Ausschlag geben.

Eine Aufgliederung der Anforderungen bis auf eine Ebene, die quantitative Aussagen ermöglicht, und auf der es geeignete Bewertungsverfahren gibt, ist nur schwer möglich. Schwierigkeiten können in der Praxis durch sich widersprechende Anforderungen oder bei

---

[64] Siehe dazu Kapitel 2.3 „Funktionale Leistungsbeschreibung und Planungsstand"

[65] Vgl. Sulzer „Funktionale Leistungsbeschreibung" Schweizer Baublatt Nr. 90 1976

Anforderungen mit unterschiedlichem Stellenwert auftreten[66]. Aspekte wie zum Beispiel Nutzwertanalysen oder Betriebskosten können als Unterstützung herangezogen werden.

Das Aufstellen eines Entscheidungsverfahrens ist in hohem Maße vom Projektstadium, zu dem funktional ausgeschrieben wird, abhängig. Einer funktionalen Leistungsbeschreibung, die Vor- und Entwurfsplanung betrifft, wird zum Beispiel schwerer zu vergleichen sein, als eine funktionale Leistungsbeschreibung für die Ausführungsplanung von Unternehmern. Auch das Aufstellen eines Entscheidungsverfahrens ist vom Projektstadium abhängig.

2.2 Die funktionale Leistungsbeschreibung im Tunnelbau

Nach Meinung des Deutschen Ausschusses für Unterirdisches Bauen e. V. (DAUB), hat die Anwendung der funktionalen Leistungsbeschreibung im Tunnelbau Innovationen, sowohl auf dem Gebiet der Bautechnik als auch im Hinblick auf die wirtschaftlichen Interessen, gebracht[67]. Im folgenden soll daher die funktionale Leistungsbeschreibung im Hinblick auf Vorteile gegenüber der zuvor dargestellten Möglichkeit der Ausschreibung mit Leistungsbeschreibung mit Leistungsverzeichnis untersucht werden.

Die funktionale Leistungsbeschreibung ist an bestimmte Bedingungen gekoppelt. Sie soll nicht das Risiko auf den Auftragnehmer verlagern und bedingt daher, daß die geforderte Leistung ausreichend beschrieben werden kann, so wie es VOB/ A Abschnitt 1 § 9 fordert.

Einen Vorteil erzielt die funktionale Leistungsbeschreibung, wenn neben den Kosten der reinen Ausführung auch der technische und fachliche Wissensstand des Bieters gefragt ist. Das wirtschaftlichste Angebot und die funktionsgerechteste Lösung sollen ermittelt, der Entwurf dem Wettbewerb unterstellt werden.

Gerade wegen der vielen nicht im voraus bestimmbaren Parameter, die sich erst während der Ausführung feststellen lassen, treffen diese Bedingungen an die funktionale Leistungsbeschreibung im Tunnelbau in der Regel nicht zu. Bei einer funktionalen Leistungsbeschreibung muß der Bieter die Garantie für die Massenermittlung seines Angebotes selbst tragen. Damit übernimmt er gleichwohl ein weit aus höheres Risiko als bei der Leistungsbeschreibung mit Leistungsverzeichnis, ohne aber daß die Voraussetzungen erfüllt wären.

---

[66] Vgl. Heiermann „Unternehmerrisiken bei funktionalen Leistungsbeschreibungen, Teil I und II" Bauwirtschaft 8/1997 und 9/1997

[67] „Funktionale Leistungsbeschreibung für Verkehrstunnelbauwerke - Möglichkeiten und Grenzen für die Vergabe und Abrechnung" DAUB - Empfehlung "Funktionale Leistungsbeschreibung für Verkehrstunnelbauwerke DAUB Tunnelbau Heft 4/1997

Werden in der Leistungsbeschreibung durch Rahmenbedingungen eindeutige Regelungen für alle vorhersehbaren Störfälle nicht festgelegt, die die dadurch entstehenden Risiken deutlich verteilen, ist eine funktionale Leistungsbeschreibung im Tunnelbau kaum anwendbar.

Die funktionale Leistungsbeschreibung ist vorteilhafter gegenüber der Leistungsbeschreibung mit Leistungsverzeichnis, wenn neben der Ausführung der Entwurf dem Wettbewerb unterstellt werden soll. Auch dieser Vorteil ist in bezug auf den Tunnelbau kritisch zu betrachten. Kann das überhaupt zutreffen?

Ein Tunnelbauwerk wird eine Reihe von Genehmigungsverfahren und Fachplanungsgesetzen durchlaufen müssen, die die Belange der betroffenen Umwelt berücksichtigen. Diese sind abhängig von den besonderen Umständen des Projektes und dessen Einflußbereich. Grundsätzlich wird dieses das Planfeststellungsverfahren (PFV) sein und insbesondere bei Verkehrsbauwerken das Raumordnungsverfahren (ROV), wodurch ein geeigneter Korridor der Trassenführung zu ermitteln und zu bewerten ist.

Diese Genehmigungsverfahren haben alle gemein, daß sie mit einem erheblichen zeitlichen Aufwand verbunden sind. Sie legen das Bauvorhaben in bezug auf die Raumordnung und Planfeststellung rechtlich fest. Folglich ist es damit in einen engen Rahmen gezwängt, der im Grunde keine Änderung mehr zuläßt. Davon gibt es nur zwei Ausnahmen. Die erste wäre, daß die Änderung von der erneuten Planfeststellung freigestellt wird, weil sie unwesentlich ist und die Belange einem Dritten gegenüber nicht berührt[68]. Dabei bedeutet „Berühren" den geringsten Grad rechtlicher Betroffenheit, worunter nicht nur die Grundeigentumsrechte zu verstehen sind. Die zweite Ausnahme wäre, wenn die Betroffenen und die Genehmigungsbehörden zugestimmt haben.

Diese beiden Fälle können vernachlässigt werden. Eine Änderung nach erfolgter Planfeststellung bedarf nahezu ausnahmslos einer Plangenehmigung, und für den Fall, daß die Rechte dritter nur unwesentlich beeinträchtigt werden, sogar einer ergänzenden Planfeststellung. Folglich ist der Gedanke, die Bauleistung, erst nach dem abgeschlossenen Entwurf an den Auftragnehmer zu vergeben, ausgesprochen kritisch zu bewerten.

Muß der Schluß gezogen werden, daß die funktionale Leistungsbeschreibung im Tunnelbau nicht angewendet werden kann, oder davon abgeraten werden muß? Diese Frage kann pauschal nicht beantwortet werden.

Eine theoretische Sicherheit in bezug auf Kosten und Termine für den Auftraggeber ist mit der funktionalen Leistungsbeschreibung zu erzielen. Der Bieter trägt das Risiko für seinen Entwurf in weit aus höherem Maße, als das der Realisierbarkeit der Planung des Auftraggebers.

---

[68] Vgl. „Funktionale Leistungsbeschreibung für Verkehrstunnelbauwerke - Möglichkeiten und Grenzen für die Vergabe und Abrechnung" DAUB - Empfehlung "Funktionale Leistungsbeschreibung für Verkehrstunnelbauwerke DAUB Tunnelbau Heft 4/1997

Dadurch, daß der Bieter neben der Ausführung auch die Planung übernimmt, erwachsen Vorteile gegenüber der Leistungsbeschreibung mit Leistungsverzeichnis. Der Bieter als Planer kann zu den einzelnen vom Auftraggeber festgelegten Ausbruchsklassen die einzusetzenden Stützmittel selbst festlegen und eine Risikoanalyse aufstellen. Das Problem der separat zu kalkulierenden Positionen für Vortrieb und Stützmittel und die Schwierigkeit der Zuordnung entfallen somit. Der Bieter wird von einer Bandbreite ausgehen müssen, wenn er seriös anbieten will. Das Risiko des Baugrundes bleibt nach wie vor beim Auftraggeber. Fraglich bleibt letztendlich nur die Umsetzung in Form eines Pauschalvertrages.

2.3 Funktionale Leistungsbeschreibung und Planungsstand

Bevor eine optimierte Art der funktionalen Leistungsbeschreibung für den Tunnelbau ausgearbeitet wird, sollen vorab die verschiedenen Methoden abgegrenzt werden[69].

Die Frage ist, wann funktional auszuschreiben ist, um das Wissen des Unternehmers optimal einfließen zulassen und ihm durch Übertragung von Aufgaben die daraus resultierenden Risiken zu übertragen. Der Sonderfall von Nebenangebote bei herkömmlichen Ausschreibungen, bzw. auch im Falle von funktionalen Ausschreibungen kann grundsätzlich zu ähnlichen Ergebnissen führen. Da aber in einem solchen Fall die Planung doppelt anfällt, einerseits beim Auftraggeber im Rahmen der Ausschreibung und anderseits beim Bieter für sein Nebenanbebot, soll diese Möglichkeit nicht weiter untersucht werden.

Kapellmann und Schiffers sprechen in bezug auf die beiden Methoden, zum einen die Leistungsbeschreibung mit Leistungsverzeichnis und zum anderen die Leistungsbeschreibung mit Leistungsprogramm, von den Extremen des Spektrums von Leistungsbeschreibungsmöglichkeiten[70]. Diese Aussage trifft gleichermaßen für die Bandbreite der Auslegungsmöglichkeiten der Leistungsbeschreibung mit Leistungsprogramm, die mit der funktionalen Leistungsbeschreibung gleichgesetzt wird, zu[71].

Die Leistungsbeschreibung mit Leistungsprogramm, wie sie die VOB/ A in §§ 9 Nr. 10 bis 12 beschreibt, stellt keinen feststehenden Begriff dar, der in jeder Beziehung eindeutig definiert und abgegrenzt ist. Die Vielzahl der verschiedenartigen Ausschreibungen und Vergaben, die unter diesen Bergriff und die Regelungen der VOB/ A fallen, über den Schlüsselfertigbau bis hin zur sogenannten funktionalen Ausschreibung, führt dies vor Augen. Die Grenzen zwischen den einzelnen Varianten von Leistungsbeschreibungen mit Leistungsprogramm sind fließend.

---

[69] Die Betrachtung orientiert sich zum einen an Kapellmann/ Schiffers Vergütung Nachträge und Behinderungsfolgen beim Bauvertrag Band1: „Einheitspreisvertrag" und Band 2: „Pauschalvertrag einschließlich Schlüsselfertigbau" Werner Verlag 1997, sowie an Kapellmann/ Schiffers Artikelserie zum Thema „Funktionale Leistungsbeschreibung" Baumarkt 1/1998 bis 6/1998

[70] Vgl. Kapellmann/ Schiffers Artikelserie zum Thema „Funktionale Leistungsbeschreibung" Baumarkt 1/1998 bis 6/1998

[71] Vgl. Kapitel 2.1 „Die funktionale Leistungsbeschreibung im Allgemeinen"

Das wird deutlich, bedenkt man, zu welchem Planungszeitpunkt die Ausschreibung erfolgen kann.

Dieses Spektrum ist nicht etwa auf eine zufällige oder nicht besser wissende und daher unzureichende Definition des Begriffes zurückzuführen. Vielmehr beabsichtigt der Deutsche Verdingungsausschuß für Bauleistungen (DVA) mit dieser Definition bewußt, dem Auftraggeber einen weitestgehenden Gestaltungsspielraum zu gewähren. Leistungsbeschreibung mit Leistungsprogramm, funktionale Leistungsbeschreibung, funktionale Ausschreibung etc. stellen keine festen Begriffe dar, die eine bestimmte Methode bis ins Detail charakterisieren[72]. Vielmehr ist damit ein breites Spektrum von Möglichkeiten definiert, welches zum Prinzip hat, daß der Bieter, entgegen anderer Methoden, in die Planung einbezogen, diese dem Wettbewerb unterstellt wird. Die Wahl des jeweiligen speziellen Modells steht dem Auftraggeber frei, sie sollte sich in erster Linie durch das Projekt und dessen Umstände ergeben.

Indem entgegen der klassischen Form der Ausschreibung und Vergabe die Leistungsbeschreibung mit Leistungsprogramm den Entwurf der eigentlichen Bauleistung unter den Wettbewerb stellt, ergeben sich verschiedene Möglichkeiten des Zeitpunktes der Ausschreibung in bezug auf den Planungsstand. Diese werden in Anlehnung an die Honorarordnung für Architekten und Ingenieure (HOAI) und Kapellmann[73] aufgezeigt.

Die erste Möglichkeit ergibt sich unter den folgenden Gegebenheiten: Die Grundlagenermittlung verbleibt beim Auftraggeber[74]. Dieser wendet sich anschließend nicht an einen Architekten oder Fachplaner, der ihm verschiedene Varianten der Vorentwurfsplanung anbietet. Vielmehr tritt er nach der Grundlagenermittlung direkt an den Bieter in Form eines potentiellen Unternehmers.

Somit verlagert sich bereits der Entwurf der Leistung zum späteren Auftragnehmer und wird dem Wettbewerb unterstellt. Diesem sind außer den Anforderungen an Funktionalität, Nutzen, Qualität und weiterer in der Grundlagenermittlung festgestellten Ergebnissen keine Vorgaben gemacht. Anders als ein Planer wird sich der Bieter wahrscheinlich nur auf eine Lösung konzentrieren. Diese ist die ihm am günstigsten erscheinende Variante, die er seinem Angebot zu Grunde legt. Es verbleibt dem Bieter, sein Wissen und seine Erfahrung in die Lösung einzubringen, diese dann für sein Angebot planerisch und bei Auftragsvergabe praktisch umzusetzen[75].

---

[72] Vgl. Kapellmann/ Schiffers „Funktionale Leistungsbeschreibung" Baumarkt 1/1998 bis 6/1998

[73] Vgl. Kapellmann „Funktionale Leistungsbeschreibung" Baumarkt 2/1998

[74] Im Falle der Deutschen Bahn AG entspricht die Grundlagenermittlung vergleichsweise dem Bundesverkehrswegeplan (BVP).

[75] Kapellmann und Schiffers bezeichnen dieses als die nutzungsspezifische Funktionalität. Das heißt, der spätere Gebrauch der angefragten Leistung wird nach ihrer Funktionalität beschrieben. Funktional drückt in diesem Fall aus, daß der Auftraggeber dem Bieter die Leistung über die gewünschte Nutzung mit allen Randbedingungen vorgibt.

Dieses kann beispielsweise die Ausschreibung einer Tunnelverbindung für eine Eisenbahnstrecke von A nach B sein, die gewährleisten muß, daß eine zweigleisige Strecke errichtet wird, die festgelegten qualitativen und betriebstechnischen Gesichtspunkten genügt. Darüber hinaus sind Vorgaben an einzuhaltende Normen und Richtlinien, ein Sicherheitskonzept, Baudauer etc. denkbar.

Der Bieter steht in der Rolle des Objektplaners, der sich mit der Funktionalität auseinandersetzen muß, um eine optimale funktionsgerechte Lösung zu erarbeiten und anzubieten. Dieses stellt die extremste Form der Leistungsbeschreibung mit Leistungsprogramm dar, bei welcher die Randbedingungen minimal sind. Der Bieter wird zum frühestmöglichen Zeitpunkt in das Projekt eingebunden. Damit stehen seinem Konzept nur wenige Restriktionen entgegen. Er hat die Möglichkeit, sich frei von bereits erfolgten Planungen und Genehmigungen eine optimale Lösung, unter Einbringung seines Wissens und seiner Möglichkeiten, anzubieten.

Die gesamte Planung wird dem Bieter und späteren Auftragnehmer übertragen. Dadurch erlangt die Planung nicht etwa einen höheren Stellenwert an sich. Viel mehr verlagert sich die Verantwortung für dieselbe auf den Unternehmer, der sie aufgestellt hat. Der Auftraggeber zieht sich aus dieser zurück. Somit wird das maximale Risiko, das der Planung und Ausführung und damit verbundenen Vollständigkeit derselben auf den Unternehmer übertragen. In wie weit auch die Genehmigungsplanung und das Einholen der Genehmigungen beim Bieter und späteren Auftraggeber verbleibt, ist individuell zu lösen. Grundsätzlich müssen bestimmte Verfahren beim Auftraggeber verbleiben, bei denen nur er als Vertreter seiner Interessen auftreten kann oder sollte. Der Bieter sollte jedoch als Vertreter seines Konzeptes einige dieser selbst herbei- und durchführen.

Auf dieser Form der Leistungsbeschreibung, der Ausschreibung mitsamt der Vorplanung, basiert das in dieser Arbeit entwickelte Konzept[76] im wesentlichen. Daß heißt, die Nutzung wird funktional vorgegeben und der Bieter offeriert seine Vorplanung, auf der das Angebot aufbaut, als Lösung. Der Bieter wird nach Abschluß der Grundlagenermittlung einbezogen. Dieses Konzept ist die konsequenteste Umsetzung der Vorteile des Einbeziehens des Wissens und der Erfahrung des Bieters und somit die maximale Ausnutzung deren Vorteile.

Vorab erfolgt jedoch eine Abgrenzung zu anderen Formen der funktionalen Leistungsbeschreibung.

Wird die Leistung erst in der Phase des Entwurfs ausgeschrieben, so verändern sich die Aufgabenverteilung zwischen Auftraggeber und Bieter, wie aber auch bereits Möglichkeiten des Bieters, sein Wissen einzubringen. Vom Unternehmer wird ein Entwurf gefordert. Der Auftraggeber wird der Leistungsbeschreibung bereits erste Pläne aus dem Vorentwurf, welcher bereits abgeschlossen ist, beigeben, die dem Bieter Vorgaben machen. Anders ausgedrückt, in diesem Fall hat der Auftraggeber neben der Grundlagenermittlung auch schon die

---

[76] Vgl. Kapitel „Funktionale Leistungsbeschreibung mit Konstruktionswettbewerb"

Funktionalität festgelegt. Unabhängig davon, wie weit die Planung des Auftraggebers fortgeschritten ist, ob es sich um eine Vorentwurfs- oder Entwurfsplanung handelt, er hat die Entscheidungen, die er im vorangegangenen Fall dem Bieter überlassen hat, in bezug auf funktionsgerechte Lösung bereits gefällt. Damit verbleibt auch die Verantwortung für diese wiederum auf seiner Seite.

Die Möglichkeiten des Unternehmers werden eingeschränkt, sein Entwurf ist nicht mehr gefragt. Im Zuge der Durcharbeitung der Planung können sich neue Aspekte ergeben, wenn die Vorplanung auf Grund neuer Erkenntnisse geändert werden muß. An dieser Stelle kann sich der Bieter eventuell einbringen, was ihm die Möglichkeit gibt, doch in einer Phase der Vorplanung, wenngleich nur einer Umänderung, mitzuwirken. Diese Möglichkeit ist jedoch nicht so umfassend wie im vorher vorgestellten Verfahren und lediglich auf zufällige Fehler zurückzuführen.

Es können sich so Mischeffekte ergeben. Diese sind unter Umständen auch beabsichtigt, wenn der Auftraggeber zum Zeitpunkt der Vorplanung noch Lücken offen lassen mußte, die im Zuge der Entwurfsplanung überhaupt erst geschlossen werden können.

Abgesehen von diesen beabsichtigten oder unbeabsichtigten Ausnahmen, werden ansonsten bei dieser Art der Ausschreibung und Vergabe nur genehmigungsrelevante Punkte in bezug auf die Funktionalität dem Bieter übertragen. Der Unternehmer kann hier nicht technisches Wissen einbringen, sondern nur Kenntnisse in bezug auf die Genehmigungsphase und deren Funktionserfordernisse, da diese in der Hierarchie über der eigentlichen Funktionalität liegen.

Das am häufigste auftretende Problem, daß nämlich der Auftraggeber unvollständig oder falsch geplant hat, oder sich seine Ziele geändert haben, bleibt weiterhin bestehen. Die Durchgängigkeit von Planung und Ausführung ist nicht vorhanden, Nachträgen aus eben genannten Gründen wird nicht entgegengewirkt, sie verbleiben ein Auftraggeberrisiko.

Die Phase der Genehmigungsplanung stellt keine eigene Möglichkeit der Ausschreibung und Vergabe mit Leistungsbeschreibung mit Leistungsprogramm dar. Hier wird die vorangegangene Entwurfsplanung in genehmigungsfähige Schritte umgesetzt. Eigentliche Entscheidungen in Hinblick auf die Lösung an sich fallen jedoch nicht. Muß umgeplant werden, weil Genehmigungen den bisherigen Entwurf in Frage stellen oder eine Ablehnung erfolgt, so greift das wiederum in die vorangegangenen Phasen ein, ist aber nicht Bestandteil der Genehmigungsplanung an sich.

Wird die Bauleistung in der Phase der Ausführungsplanung ausgeschrieben, verbleibt dem Bieter die Umsetzung in die Bauausführung. Der Auftraggeber hat bereits die Nutzungsvorgaben und Baugenehmigungen beigestellt. Dem Bieter verbleibt es nur noch, aus den noch offen Möglichkeiten im Rahmen von Vorgaben und Genehmigungen der Umsetzung die ihm optimal erscheinende Variante zu wählen. Er hat dabei aber auf alle Fälle den Vorgaben Rechnung zu tragen, wodurch sein Spielraum minimal ausfällt.

2. Teil: Die funktionale Leistungsbeschreibung

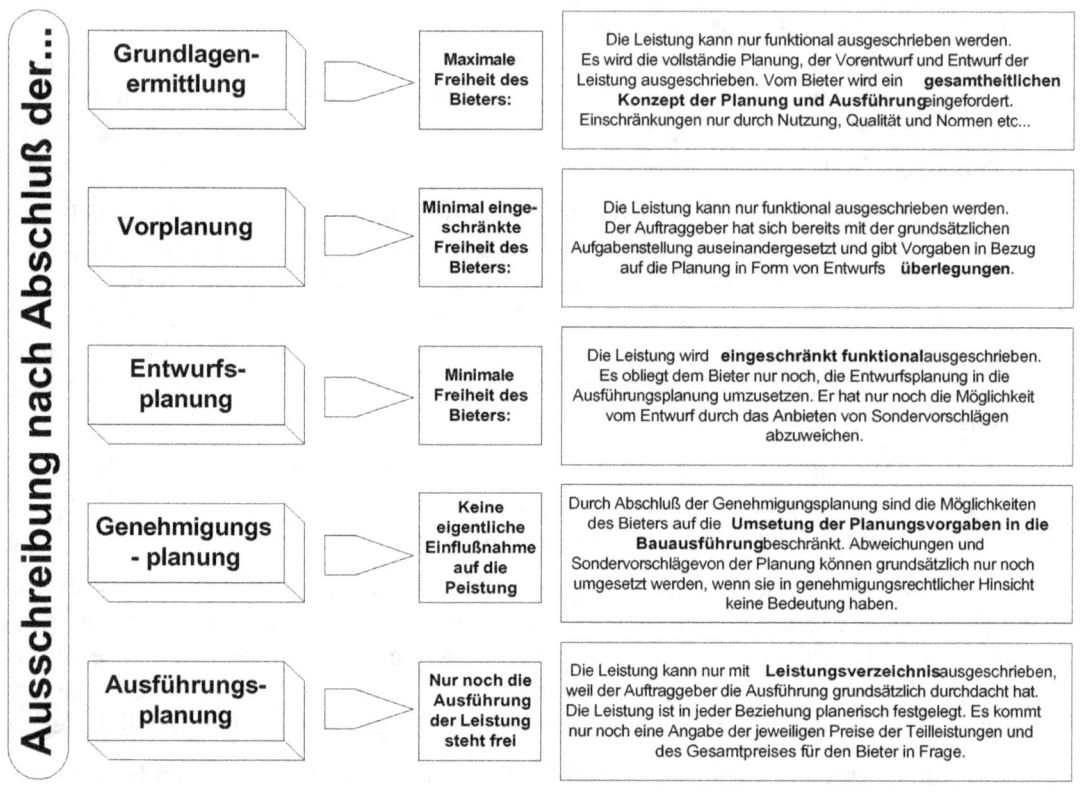

Abbildung 13: Zeitpunkt der Ausschreibung und Bedeutung für die Leistungsbeschreibung

Aus der Darlegung dieser Bandbreite und den einhergehenden Möglichkeiten stellt sich in bezug auf die Untersuchung die Frage:

> Welches Modell ist im Hinblick auf das Einbinden des Bieters das Optimale?

Wenn das Wissen und die Erfahrung des Bieters maximal Einfluß nehmen sollen, so muß der Bieter frühestmöglich beteiligt werden. Dieses muß dann zum Zeitpunkt der Vorplanung geschehen. Zu einem späteren hat er nicht mehr die Möglichkeit, seine Ideen zu verwirklichen, da diese eventuell durch vom Auftraggeber vorgegebene Restriktionen bereits ausscheiden.

Auch die International Tunneling Association (ITA) rät dem Auftraggeber, in ihren Empfehlungen zu den vertraglichen Risikoverteilungen, gerade daraus Nutzen zu ziehen, daß der Bieter mit seinen Ideen einbezogen wird. Es soll den Bietern erlaubt sein, Erfahrungen mit erprobten Techniken, verfügbaren Materialien und Ausrüstungen einzusetzen, um eigene Bauverfahren und Sicherungssysteme vorzuschlagen[77].

Andererseits muß aber auch gesagt werden, daß ein Auftraggeber, der sich maximal von seinen Aufgaben trennen möchte und die Risiken auch in vertretbarem und gerechtfertigten Maße übertragen will, funktional ausschreiben und pauschal an einen Generalunternehmer vergeben muß.

Es geht um die Entwicklung eines Modells, das den Bieter früher als bisher einbezieht und daraus Optimierungsmöglichkeiten über die genannten Vorschläge schöpft. Der Vertrag soll auf einer "Partnership" Basis abgeschlossen werden, um Konzept, Qualität und Verläßlichkeit in den Vordergrund zu stellen. Die Vergabe erfolgt an den Bestbieter, der nicht zwingend der Billigstbieter ist.

Risiken, die aus unterschiedlichen Planungsverantwortungen und insbesondere auch aus dem Baugrund hervorgehen, durch funktionale Beschreibung und Pauschalvertrag hingegen zu verquicken, wird weder Akzeptanz auf seiten des Auftragnehmers herbeiführen, noch zu einem kooperativen Verhältnis der Vertragsparteien führen. Dieses anzustreben sollte jedoch das Ziel des Auftraggebers, wie auch aller anderen Beteiligten sein. Eine subjektiv empfundene Benachteiligung einer Partei wird zu Differenzen spätestens während der Ausführung der Leistung führen. Diese ist in der Regel nur teurer und langwieriger zu lösen, als eine gleichermaßen von Auftragnehmer und Auftraggeber gerecht empfundene Verteilung der Risiken auf kooperativer Basis schon während der Ausschreibung und Vergabe.

Insbesondere aus der Studie des Projektes Neubaustrecke Köln – Rhein/ Main ist festzustellen, daß der Auftragnehmer früher einbezogen werden sollte, um Vorteile in bezug auf Innovation auszuschöpfen[78]. Ansätze, die in die Richtung gehen, daß der Auftragnehmer sein Können in die Planung und Ausführung einbringt, finden ihre Grenzen durch Vorgabe der Planfeststellung und Festlegungen in der Vor- und Entwurfsplanung des Auftraggebers.

Das wird an einem Beispiel der Neubaustrecke Köln – Rhein/ Main deutlich. Im Zuge der Ausführungen des Schulwaldtunnels, der von der ARGE ATAC ausgeführt wird, wurde das Ausbruchsverfahren vom Auftraggeber unverbindlich im Ulmenvortrieb vorgeschlagen. Auf Grund schlechter Gebirgsverhältnisse entschied sich die ausführende Firma für einen Vortrieb mit Firststollen. Ohne Planfeststellung oder Entwurfsplanung hätte der Bieter von vornherein einen gänzlich anderen Vorschlag anbieten können. Wäre hier, bedingt durch die Länge der Trasse, ein maschineller Vortrieb kaum zum Einsatz gekommen, hätte er jedoch eventuell für das Konzept des gesamten Angebotes eine individuelle Lösung darstellen können. Selbst wenn die Planung des Bieters zu einem Vortrieb mit Firststollen gelangt wäre, also entsprechend der

---

[77] Vgl. „Empfehlungen der Internationalen Tunnelling Association (ITA) zu vertraglichen Risikoverteilungen" Tunnelbau Taschenbuch 1993

[78] Vgl. dazu die Projektstudie der Ausschreibung und Vergabe der Neubaustrecke Köln – Rhein/ Main, insbesondere auch das Kapitel 2.4.1 „Ergebnisse der Studie der NBS Köln – Rhein/ Main".

tatsächlichen Bauweise während der Ausführung, hätte man durch den Wegfall einer doppelten Planung Kosten eingespart.

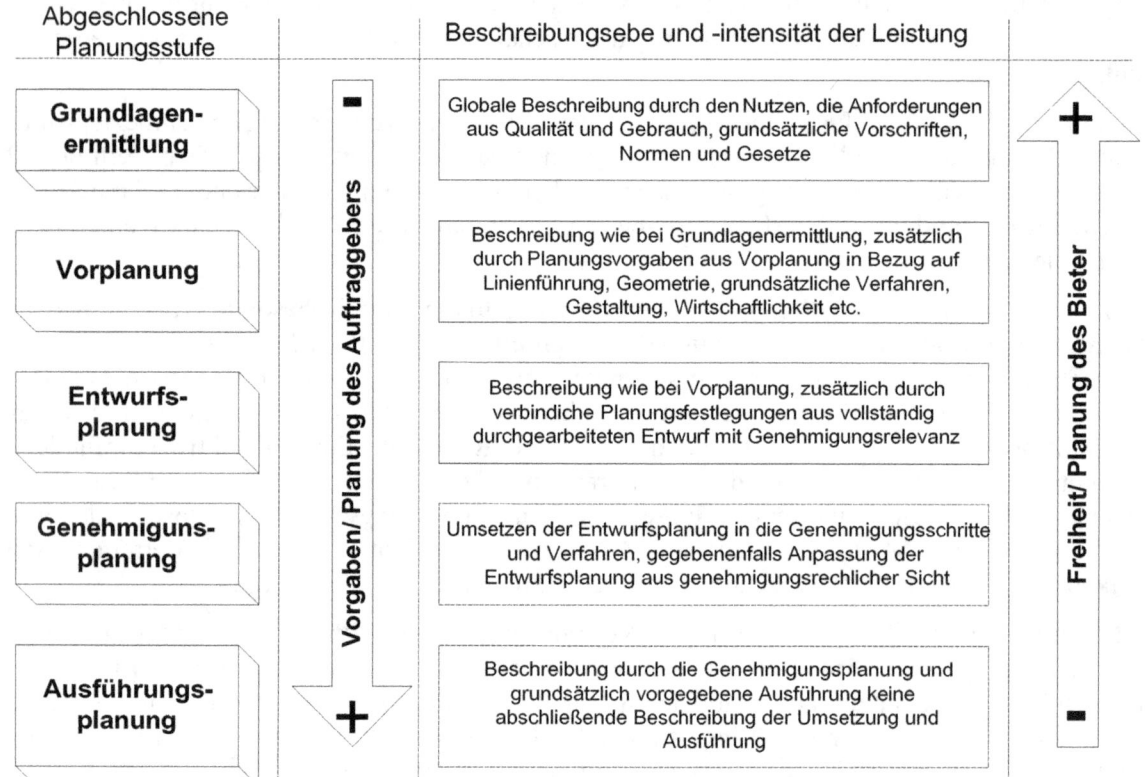

Abbildung 14: *Vorgaben des Auftraggebers und Freiheit des Bieters in bezug auf den Zeitpunkt der Ausschreibung*

Dieses Beispiel greift weder auf fundierte Untersuchungen des Gebirges oder eine Kostenanalyse zurück und mag daher nur bedingt tauglich sein. Trotzdem ist das daraus zu formulierende Ziel aber klar: Eine durchgehende Einheit von Bieter, der plant, das Konzept nach eventuellen Genehmigungseinflüssen fortschreibt und letztendlich die Ausführung übernimmt wäre eindeutig besser gewesen. Die Freiheitsgrade im Hinblick auf die Ideen Bieters dürfen nur durch die nutzungsbedingte Funktionalität abgegrenzt werden.

In der Folge einer frühen Einbindung des Bieters in die verschiedenen Planungsstufen kann sich der Auftraggeber gleichermaßen aus der Planung zurückziehen. Dabei lassen sich positive Effekte erzielen, je früher der Zeitpunkt vorrückt, zu dem der Bieter einbezogen wird. Aus diesem Effekt lassen sich für den Auftraggeber Kosten einsparen, die durch effizienteren Einsatz und unter den Bedingungen des Wettbewerbs auf seiten des Bieters entsprechend geringer ausfallen. Ob diese aber ohne weiteres den Bietern aufgebürdet werden können, die nicht den Zuschlag erhalten, ist fraglich.

Der Effekt der Kostenersparnis auf der Seite des Auftraggebers ist ein Nebeneffekt, der nicht in den Vordergrund einer Entscheidung für eine funktionale Leistungsbeschreibung gerückt werden sollte. Eigentliche Kostenersparnis wird sich eher daraus ergeben, daß der Bieter und spätere Ausführer durch sein Wissen die Leistungen besser plant und somit Änderungen nicht auftreten. Nachträge entstehen erfahrungsgemäß unter anderem wegen der schlechten Wahrnehmung der Planungsvorleistung des Auftraggebers[79]. Dieses Risiko kann durch Übertragung der Planung auf den Bieter ohne ungerechtfertigte Risikoverlagerung verringert werden.

Gerade in diesen beiden Aspekten liegt der Vorteil der Ausschreibungsmethode begründet. Der Bieter plant auf Grund der ihm zur Verfügung gestellten Unterlagen und Randbedingungen das Bauwerk. Er favorisiert einen Entwurf und verfolgt nicht mehrere Varianten[80]. Der Bieter trägt damit auch das Risiko der vollständigen und durchgängigen Planung. Er kann dieses aber nur für die Risiken übernehmen, die er selbst zu verantworten hat bzw. die in seinen eigenen Annahmen begründet liegen.

Ein weiterer kostensenkender Effekt liegt darin, daß der Entwurf der Leistung dem Wettbewerb unterstellt wird[81].

Die Schlußfolgerung aus der Summe der dargelegten Argumente ist, daß die funktionale Leistungsbeschreibung für den Fall eine Verbesserung der Problematik aus Ausschreibung und Vergabe sein kann, wenn sie bereits zum Zeitpunkt der Vorplanung einsetzt[82]. Die Leistung muß nach der Grundlagenermittlung funktional beschrieben und ausgeschrieben werden. Der Unternehmer plant und führt das gesamte Projekt und übernimmt dafür auch die Aufgaben und Verantwortung. Andernfalls lassen sich Risiken nur auf den Unternehmer übertragen, indem dieser selbige in seine Preise einkalkuliert. Dadurch werden die Kosten zwar in einem bestimmten Spielraum fixiert, jedoch um den Preis eines erhöhten Zuschlags.

---

[79] Vgl. Kapellmann/ Schiffers „Funktionale Leistungsbeschreibung" Baumarkt 1/1998 bis 6/1998

[80] Damit fallen die Planungskosten mehrmals für die Bieter und gar nicht für den Auftraggeber an, ein berechtigter Kritikpunkt, der zur Diskussion gestellt werden muß und nicht als Bauunternehmerschicksal hingenommen werden darf. Dieser Punkt wird im Kapitel „Kosten der Ausschreibung" des zweiten Teils der Arbeit aufgegriffen.

[81] Dieser Effekt läßt sich auch durch Sondervorschläge erzielen, soll aber nicht weiter in Betracht gezogen werden, da hierbei der Umstand der doppelten Planung auftritt.

[82] Dieses ist gleichzeitig die Antwort auf die im Kapitel 2.1 gestellte Frage nach „Dem Vorteil mehrerer Lösungen".

2.4 Anwendung der funktionalen Leistungsbeschreibung im Tunnelbau in der Praxis

Die in der Ausschreibung und Vergabe bisher gegangenen Wege im Tunnelbau konnten die Interessen des Auftraggebers nach einem festen Preis und Fertigstellungstermin des Projektes, aber auch die der Unternehmer, nicht zufriedenstellend lösen. Die Problematik ist auf verschiedene Gründe zurückzuführen, deren Lösung unter anderem rein technisch nicht herbeizuführen ist, denkt man an die Unsicherheit der Voraussage der Geologie und des damit durch das gesamte Projekt hindurchgehenden Risikos.

Es gilt daher, eine Verbesserung der bisherigen, in der Umsetzung auftretenden Problematik, zu erreichen, indem die Erfahrungen aus anderen Ausschreibungen, Vergaben und Ausführung in ein neues Modell einfließen. Dieses Ziel haben sich die verschiedensten Auftraggeber aus unterschiedlichen Ländern gesteckt. Ein optimales Modell ist nicht auszumachen, kann aber auch im Hinblick auf den Umstand, daß es sich bei jedem Tunnelbauprojekt um einen Prototypen handelt, der anderen Randbedingungen untersteht, mit einem projektspezifischen Modell kaum abschließend geschaffen werden.

Es muß darum gehen, gesamtheitlich Ausschreibung, Vergabe und Bauvertrag zu betrachten und die Kenntnisse der Beteiligten optimal einfließen zu lassen, sowie vertraglich beiderseits zufriedenstellende Regelungen zu schaffen. In bezug auf die Leistungsbeschreibung mit Leistungsverzeichnis wurden sogenannte Sonderformen bereits eingegangen[83]. Durch deren teilweise unbefriedigende Ergebnisse konzentriert sich die Tendenz nun auf die Leistungsbeschreibung mit Leistungsprogramm und Gesamtgewerkvergabe.

Die Deutsche Bahn AG schlägt in diesem Sinne den Weg einer funktionalen Ausschreibung, Vergabe an Generalunternehmer zu einem Festpreis und Übertragung von klassischen Aufgaben und Risiken des Auftraggebers ein[84]. Andere Auftraggeber in europäischen Ländern versuchen, auf alternativen Wegen ans Ziel zu kommen.

2.4.1 Ergebnisse aus der Studie der NBS Köln – Rhein/ Main

Die Deutsche Bahn AG bedient sich bei der Ausschreibung, Vergabe und dem Bau der Neubaustrecke Köln – Rhein/ Main einer eigens für das Projekt gegründeten Managementgesellschaft, der Deutschen Bahn Projekt GmbH Köln – Rhein/ Main (DB PKRM) als Auftraggeber. Diese fordert von den Bietern der Neubaustrecke, daß sie die ausgeschriebene Leistung zu einem Pauschalpreis funktionsfertig erstellen. Dazu wird den Interessenten eine funktionale Leistungsbeschreibung des geforderten vertraglichen Solls, auf deren Grundlage das Angebot erstellt werden muß, zur Verfügung gestellt.

---

[83] Siehe dazu Anhang „Sonderformen" der Leistungsbeschreibung mit Leistungsverzeichnis

[84] Dieser wurde in der Projektstudie der Neubaustrecke Köln – Rhein/ Main ausführlich untersucht.

Die Neubaustrecke wird im Verhandlungsverfahren an einen Generalunternehmer vergeben. Dieser steht dem Auftraggeber als alleinschuldnerischer Vertragspartner gegenüber.

Eine Reihe externer und interner Einflüsse hat die Deutsche Bahn AG dazu bewogen, sich zu einem solchen Vorgehen zu entschließen[85].

Der geforderte Leistungsumfang des Auftragnehmers ist bei dem angewandten Konzept erheblich umfangreicher als der herkömmlicher Ausschreibungen. Andererseits stehen ihm in bezug auf das Angebot weitaus mehr Freiheiten zu. Ein eigenes Lösungskonzept, eingegrenzt von den Mindestvorgaben und gestützt auf das geologische Gutachten und die Bauverfahrensvorschläge des Auftraggebers, wird vom Unternehmer abverlangt.

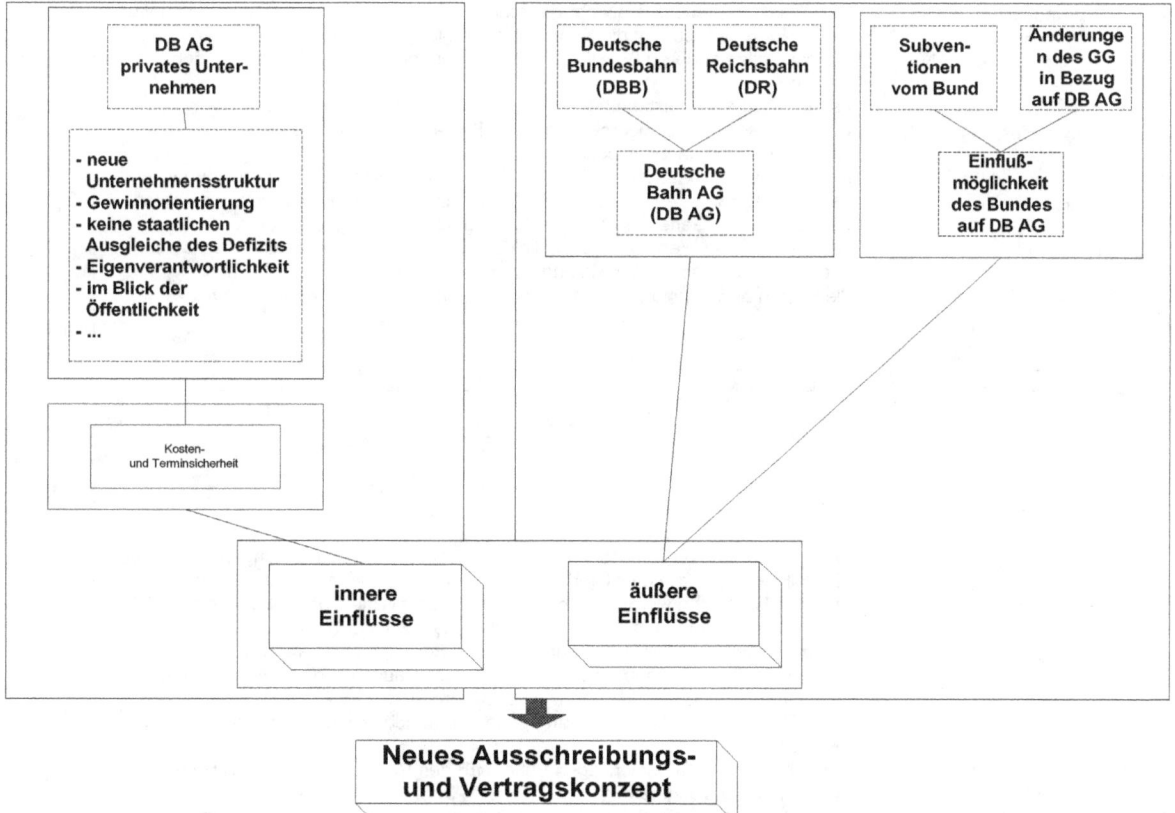

Abbildung 15: Zusammenfassung der inneren und äußeren Einflüsse auf die Ausschreibung und Vergabe der NBS Köln - Rhein/ Main

---

[85] Vgl. Projektstudie Kapitel 2 „Externe und interne Einflüsse auf Ausschreibung und Vergabe"

2. Teil: Die funktionale Leistungsbeschreibung

Angebotsbearbeitung/ Technische Bearbeitung

Aufgaben:

- Entwurfsplanung
- Genehmigungsplanung
- Ausführungsplanung
- Einhlen der Genehmigungen
- grundsätzlich alle Koordinationsaufgaben beim AN
- die Endtermine liegen fest
- Puffer sind einzukalkulieren

Details:

Aufgaben:
- umfassende und abschließende Planung der Leistung mithohem Planungsaufwand bereits bei der Erstellung des Angebotes
- Mengenberechnung

Risiken:
- Planungsrisiko auf den AN übertragen
- Mengenrisiko sowie Bauzeitrisiko beim AN, außer es ist geologisch bedingt
- Planungs- und Bauzeitrisiko durch 6 monatigen Puffer
- Planungs- und Bauzeitrisiko durch einjährigen Puffer für Planfeststellungstermine
- Planungs- und Bauzeitrisiko durch "objektive" Erfüllbarkeit von Leistungen, die durch Genehmigungsverzögerungen später als geplant zur Ausführung gelangen
- Akzeptanzprobleme des AN bei Behörden in Bezug auf Genehmigungsbeschaffung
- Generalunternehmer hat die Koordinationsleistungen mit seinen Subunternehmern, wie auch allen anderen Beteiligten und den übrigen Losen selbst zu übernehmen

Kosten:
- es fehlt dem AN an Erfahrung und Personal, dadurch bereits hohe Kosten während der Angebotsbearbeitung durch Einkauf dieses Wissens
- keine Vergütung nach tatsächlichen Mengen
- in der Angebotsphase ist der Zeit- und Kostenaufwand für die Genehmigungsbeschaffung nicht abzuschätzen, dadurch Auswirkungen auf Bauzeit und Kosten
- Zeitaufwand für Genehmigungsbeschaffung sehr hoch, Kosten dafür insbesondere bei Verzögerungen, die das Risiko des AN sind, nicht abschätzbar und kalkulierbar, sowie Auswirkungen auf die Bauzeit
- die Kosten aller Koordinationsleistungen, sowie die Risiken liegen beim AN

Kalkulation

Aufgaben:

- Pauschalpreis
- Einheitspreislisten
- fixer Bauzeitplan mit Vorgabe von Pufferzeiten
- Kalkulation der zeitabhängigen Kosten in den Pauschalpreis
- Eigene Annahme des AN der AKL - Verteilung möglich

Details:

- in den Pauschalpreis müssen alle Kosten für Planung, Berechnungen, Kosten der Erstellung sowie alle damit verbundenen Nebenleistungen einkalkuliert werden
- für den Tunnelbau werden gesonderte Einheitspreislisten abgegeben, die im Falle von Abweichungen von der Prognose des AG, bzw. bei von ihm zu verantwortenden Stillständen zur Vergütung herangezogen werden
- der AN muß alle zeitgebundenen Kosten in die Pauschalen einrechnen, so daß sie dem Aufwand entsprechend vergütet werden
- Verzögerungen in der Ausführung gehen demnach grundsätzlich zu Lasten und Kosten des AN
- die Kosten des sechsmonatigen Puffers für den Vortrieb, bzw. die einjährigen für die Planfeststellungstermine müssen vom AN einkalkuliert werden
- Das Risiko der "objektiv" noch zu erfüllenden Leistungen bei Änderungen muß vom AN getragen werden
- der AN kann eine bessere als prognostizierte Ausbruchklassenverteilung annehmen, trägt in diesem Fall aber das Kostenrisiko für die Differenz seiner Einschätzung zu der des AG

Vortrieb und Ausbau

Aufgaben:

- AG übergibt geologisches Gutachten

- freie Wahl des Bauverfahrens, Sicherung, Tolleranzen etc. des AN

- Ausbruchsklassifizierung durch AN

- Planung und Durchführung aller mit dem Vortrieb in Verbindung stehender Arbeiten durch AN

Details:

- der AG übergibt dem AN ein geologische Gutachten, dieses interpretiert der AN selbst und entscheidet sich auf Grundlage dessen für die Vortriebsart, die Art des Ausbruchs sowie aller Sicherungsmaßnahmen etc.
- der AG gibt bezüglich Ausbruch und Sicherung lediglich Mindestwerte an
- der AN berechnet die Sicherungsmaßnahmen etc. auf der Grundlage seines Verfahrens und sichert die geforderte Qualität zu
- der AN übernimmt das volle Risiko für sein Verfahren, z. B. auch in bezug auf Berechnungen von Verformungen und Tolleranzen
- die Ausbruchklassifizierung vor Ort schlägt der AN vor, eine Genehmigung seitens des AG ist nicht nötig, dieser überprüft sie lediglich und kann Einspruch erheben
- die Tolleranzen werden vom AN in Abhängigkeit seines Verfahrens gewählt, er darf die geforderten Nutzungsquerschnitte nicht unterschreiten
- der AN plant, betreibt und führt die Wasserhaltung in eigener Verantwortung durch
- der AN muß das Ausbruchmaterial selbst verwerten oder lagern, sowie den Transport planen

Abbildung 16: Zusammenfassung der Aufgaben des Auftraggebers

Mit den Aufgaben des Bieters ändert sich nicht nur die Entwurfsfreiheit bezüglich seines Angebotes. Mit einem eigenen Lösungskonzept in Verbindung mit einem Generalunternehmervertrag verschieben sich auch die Aufgaben- und Verantwortungsbereiche und damit in Zusammenhang stehenden Risiken der Vertragspartner. Dieses war vom Auftraggeber willentlich beabsichtigt, oberstes Ziel der Ausschreibung und Vergabe sollte die Fertigstellung zu einem verbindlichen Termin und zu festen Kosten sein.

Ein weiterer problematischer Aspekt sind die mit der Bearbeitung der Ausschreibung verbundenen Kosten. Diese entstehen durch den erhöhten Aufwand in Form von Planungsleistungen, Berechnungen, wie auch Massenermittlungen etc.. Eine Vergütung dieser Kosten wird sich nur im Falle des erteilten Zuschlags einstellen, ansonsten verbleiben sie beim Bieter. Ein Aufwand, der im allgemeinen nur von Konzernen oder Bietergemeinschaften getragen werden kann und Bereiche der Bauwirtschaft ausschließt.

Die Übertragung dieser Kosten auf den Bieter stellen eine vordergründige Ersparnis für den Auftraggeber dar.

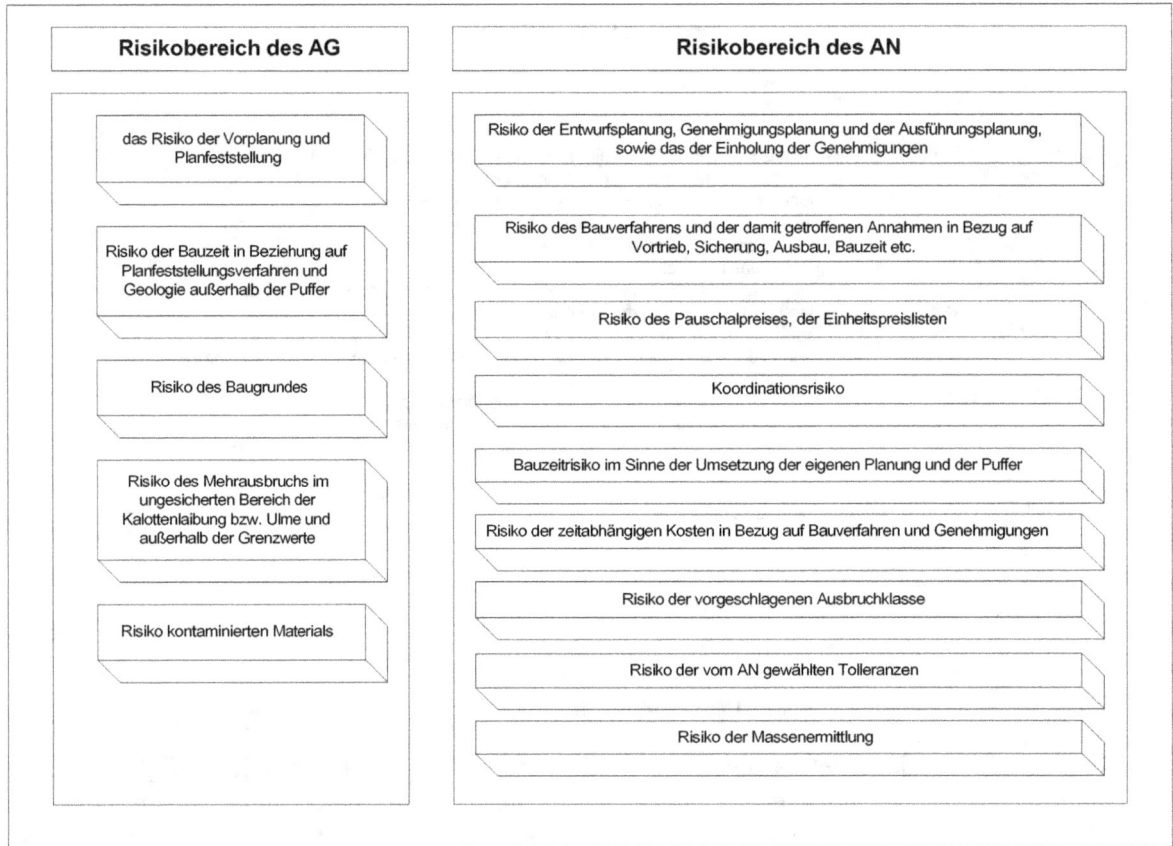

Abbildung 17: Zusammenfassung der verlagerten Risiken

Obwohl die Leistung, wie hier erfolgt, in Anlehnung an die Voraussetzungen der VOB/ A, § 9 beschrieben und ausgeschrieben wird, muß festgestellt werden, daß die Risikoverlagerung einseitig erfolgt und eine Entlastung des Auftraggebers auf Kosten des Auftragnehmers darstellt. In einer solchen Neuverteilung liegen nicht die eigentlichen Vorteile der Idee der funktionalen Leistungsbeschreibung. Es scheint hier eher, daß unter dem Deckmantel einer funktionalen Leistungsbeschreibung mit Vergabe an einen Generalunternehmer Risiken bis an die Grenze des rechtlich machbaren verschoben werden sollen. Die Unsicherheit auf diesem Gebiet der Ausschreibung, wie auch der harte Preiskampf unter den Bietern, wird dazu genutzt, die Kosten des Projektes zu Lasten der Unternehmer zu drücken.

Ist es nach gültiger Rechtslage praktisch kaum möglich, das Baugrundrisiko dem Auftragnehmer zu übertragen, so wird er durch die Regelungen bezüglich der Bauzeit, der Puffer und Beschleunigungsmaßnahmen, in dieses über das herkömmliche Maß eingebunden und trägt zumindest einen Teil mit.

Der Vertrag enthält kaum Möglichkeiten oder Elemente, die die Risiken von Auftraggeber und Auftragnehmer eindeutig trennen. Gerade dieser Punkt, die Unstimmigkeiten, in welchen Bereich die Ursachen für Mehrkosten fallen, führen zu der allgemeinen Mißstimmung, die mit dem Vertragswerk in Verbindung gebracht werden.

Der Fehler ist nach Meinung des Autors im Zeitpunkt der Einbindung des Bieters zu suchen, nicht im System der funktionalen Ausschreibung. Es wurde zu spät ausgeschrieben. Zum anderen kann der Bieter das Risiko für die Planung akzeptieren, wenn er diese vollständig übernommen hat. Ähnlich einem Sondervorschlag ist dieses nur dann der Fall, wenn er früher in die Planung einsteigt.

Im Bereich der Beschaffung der Genehmigungen und Koordination mit Dritten entzieht sich der Auftraggeber im weitestgehenden seiner Verantwortung und Mitarbeit. Die Probleme, die damit im Zusammenhang stehen, lassen sich teilweise durch die Unerfahrenheit der Unternehmer auf diesem Gebiet erklären. Andererseits werden somit aber auch wiederum Risiken des Auftraggebers einseitig auf den Auftragnehmer verlagert, ohne daß diese für ihn einzuschätzen sind. Es ergeben sich an dieser Stelle sowohl Vor- als auch Nachteile. Trägt der Auftraggeber in größerem Maße als erfolgt zur Beschaffung der Genehmigungen und der Koordination mit bei, lassen sich die Vorteile der funktionalen Leistungsbeschreibung in diesem Punkt ausbauen.

Die funktionale Leistungsbeschreibung hat ihren Eingang auch im Tunnelbau gefunden. Eine solche Entwicklung entspricht den allgemeinen Tendenzen im Vertragswesen. Freiheiten, die durch die europäischen Richtlinien den Auftraggebern der Sektorenbereiche zugebilligt werden, haben ihren Teil dazu beigetragen.

Aus der Betrachtung der dem Bauvertrag zugrunde gelegten Leistungsbeschreibung der Neubaustrecke Köln – Rhein/ Main läßt sich feststellen, daß die funktionale Leistungsbeschreibung durchaus auch im Tunnelbau anwendbar ist.

Abschließend kann festgestellt werden, daß im Zuge der Ausschreibung der Neubaustrecke Köln – Rhein/ Main die eigentlichen Vorteile und Neuerungen der funktionalen Leistungsbeschreibung für den Tunnelbau nur gering zur Anwendung gebracht wurden. Die Schlußfolgerung, daß sie daher nicht als geeignet gelten kann, darf deswegen jedoch nicht gezogen werden. Vielmehr ist es Aufgabe, das Konzept weiterzuschreiben und die gemachten Erfahrungen positiv zur Fortentwicklung heranzuziehen.

Hat der Auftraggeber auch vordergründig einen Vorteil, wenn er Risiken einseitig zu Lasten des Auftragnehmers verschiebt, so wird sich dieser auch wieder in sein Gegenteil umkehren können. Einerseits besitzt der Auftraggeber meist die wirtschaftliche Macht, dem Unternehmer diese Risiken aufzuerlegen. Andererseits lernt der Auftragnehmer aus den Fehlern vorangegangener Projekte und wird sein Wissen später zuungunsten des Auftraggebers ausnutzen. Darüber hinaus zieht ein Vertrag, der dem Unternehmer Risiken und Kosten in nicht zu vertretendem Maße auferlegt, unweigerlich (Rechts-) Streitigkeiten nach sich. Der Ausführende wird an anderer Stelle um so härter versuchen, seine Kosten wieder hereinzubekommen. Unterschiedliche Standpunkte bezüglich der Vergütung von Mehrkosten werden mehr und mehr auf gerichtlicher Ebene entschieden. Kosten für juristische Auseinandersetzungen können sich dann wiederum negativ auf die gesamte Bilanz des Projektes auswirken.

Um den eingeschlagenen Weg abschließend zu bewerten, bleibt zu klären:

> Worunter fällt nach der Definition der funktionalen Leistungsbeschreibung von Kapellmann/ Schiffers[86] die Ausschreibung und Vergabe der Neubaustrecke Köln – Rhein/ Main?

Der Auftraggeber hatte zum Zeitpunkt der Ausschreibung das Planfeststellungsverfahren (PFV) für die einzelnen Planfeststellungsabschnitte angestrengt, bzw. teilweise bereits abgeschlossen. Mit diesem Planfeststellungsverfahren (PFV) steht der Entwurf, da dieser insoweit er die Genehmigungserteilung betrifft, Bestandteil des Planfeststellungsverfahrens (PFV) sein muß. Darüber hinaus ist es notwendig, daß Teile der Ausführungsplanung und auch der Verfahren im Tunnelbau ebenfalls Bestandteil des Genehmigungsverfahrens werden, soweit dadurch die Belange und zu prüfenden Punkte der Planfeststellung berührt werden. Diese Ausführungsplanung wurde jedoch vom Auftraggeber lediglich als Ergänzung der Ausschreibung beigegeben. Sie sollte die Freiheit des Bieters nicht einschränken, obgleich sie andererseits wieder bindende Elemente enthalten muß, um nicht vom Planfeststellungsverfahren (PFV) abzuweichen.

Indem Entwurfsplanung und Teile der Ausführungsplanung mit dem Abschluß des Planfeststellungsverfahrens (PFV) praktisch beinahe unabänderlich werden, verbleibt dem Bieter im Grunde nur noch die Umsetzung derselben in die Ausführung. Der Spielraum des Bieters ist durch die Einschränkung auf die vorgegebene, fast gänzlich feststehende Entwurfsplanung, nicht sehr groß.

Wenn in diesem Fall von funktionaler Leistungsbeschreibung gesprochen wird, dann handelt es sich lediglich um eine funktionale Umsetzung. Aber selbst in diesem Sinne lag die Umsetzung in bezug auf die Bauverfahren bereits durch die Planfeststellung fest. Die Ausschreibung fiele im Grunde genommen eher unter den Begriff eines Pauschalvertrages mit umfangreichen Planungsleistungen des Bieters.

Aus Gesprächen mit beteiligten Baufirmen der Neubaustrecke Köln – Rhein/ Main ergibt sich der Eindruck, daß in diesem Umstand der Grund für das Scheitern einiger Ziele der Ausschreibung und Vergabe der Neubaustrecke Köln – Rhein/ Main, sowie die Unzufriedenheit der beteiligten Baufirmen zu sehen ist. Nicht der Entwurf des Projektes wurde dem Wettbewerb unterstellt, vielmehr sollten die Bieter die vollständige Umsetzung und Ausführungsplanung mit Genehmigungserbringung für ein bereits bestehendes Konzept übernehmen. Es war nicht eigentlich das Wissen der Unternehmer in bezug auf das technische

---

[86] Kapellmann/ Schiffers „Funktionale Leistungsbeschreibung" Baumarkt 2/1998

Know How in der Planungsphase gefragt, als vielmehr die Bereitschaft, Auftraggeberaufgaben zu übernehmen und mit ihnen das Risiko.

Die funktionale Leistungsbeschreibung schöpft ihre Vorteile gegenüber herkömmlichen Ausschreibungen mit Leistungsverzeichnis in allererster Linie daraus, daß das Wissen der Bieters, der auf einem Spezialgebiet besondere Kenntnisse mitbringt, im frühen Stadium der Planung eingebracht wird. Für diese vom Bieter eingebrachte Lösung wird und muß er weitaus über das herkömmliche Maß hinaus bereit sein, Risiken zu tragen, die mit seiner Vorplanung und seinem Entwurf in Verbindung stehen.

2.4.2 Ausblicke auf andere Modelle

Noch weiter als die DB AG geht die staatliche italienische Eisenbahn, die Ferrovie dello Stato bei der Ausschreibung, Vergabe und Vertragsgestaltung der Neubaustrecke zwischen Bolognia und Florenz. Die gesamte Planung und der Bau der Strecke wurde an einen privaten Betreiber, an die Treno Alta Velocita (TAV), 1991 in Form eines 50jährigen Konzessionsvertrages vergeben[87].

Diese wiederum beauftragte den Fiat Baukonzern mit der Planung und Ausführung, der den Auftrag in einem Joint Venture mit anderen italienischen Firmen übernahm. In einem internationalen Ausschreibungs- und Vergabeverfahren mußte diese Arbeitsgemeinschaft wiederum 40% der Auftragssumme an weitere Firmen vergeben. Die Besonderheit dabei ist, daß der Auftrag schlüsselfertig und zu einen Festpreis vergeben wurde.

Der Auftragnehmer hat sich verpflichtet das 78 km lange Eisenbahnprojekt, welches zu 94% untertage verläuft, zu einem vertraglich garantierten Preis zu einem fixierten Endtermin zu erstellen und alle Risiken einschließlich des Baugrundrisikos zu übernehmen. Ausschlaggebend für diese Form der Risikoübertragung war ein spezielles Verfahren der Beschreibung des Baugrundes, welches das beratende Ingenieurbüro Rocksoil of Milan entwickelt hat. Dieses basiert auf der Methode der Analyse der kontrollierten Deformation von Fels und Gebirge und einer daraus resultierenden Entwurfs- und Konstruktionsmethode. Der grundlegende Gedanke hierbei ist es, daß die Tunnelkonvergenz nach dem Ausbruch in der Hauptsache von der Stabilität der Ortsbrust abhängig ist. Durch ein dreidimensionales Modell können damit auch bei unterschiedlichen und schwierigen geologischen Verhältnissen mit intensiven Bodenerkundungen, verläßliche Aussagen bezüglich des Verhaltens des Baugrundes gemacht werden[88].

Dieses Vorgehen setzt zum einen voraus, daß der Auftraggeber in der Ausschreibung und Vergabe möglichst frei und nicht an enge Regelungen, wie zum Beispiel die VOB/ A, gebunden ist. Zum anderen müssen die rechtlichen Möglichkeiten in bezug auf die

---

[87] Vgl. Mc Cormack „Florence to Bologna at high speed" Tunnels & Tunneling International 4/1999

[88] Vgl. Mc Cormack „Florence to Bologna at high speed" Tunnels & Tunneling International 4/1999

Übertragung des Baugrundrisikos gegeben, bzw. die Bereitschaft des Unternehmers vorhanden sein. Ein solches Risiko, welches trotz einer relativ verläßlichen Baugrunderkundung und Berechnungsmodells verringert wird, können auf alle Fälle nur Konzerne mit gesicherter finanzieller Lage auf sich nehmen. Auch die Weitergabe an Subunternehmer erscheint schwierig.

In Deutschland kann ein solches Modell nicht zur Anwendung gelangen, rechtliche Grundsätze sprechen gegen die Übertragung des Baugrundrisikos[89]. Darüber hinaus ist es fraglich, ob dieses Risiko, welches trotz des angewandten Verfahrens der Baugrundbeschreibung sehr hoch bleibt, nicht zu einem überhöhten Vertragspreis führt. Der Auftragnehmer muß es in seine Kalkulation einfließen lassen. Bei während der Ausführung nicht entstandenen Kosten für dieses, hat der Auftraggeber folglich zu viel bezahlt. Hinzu kommt, daß eine falsche Einschätzung des Unternehmers oder ein Abweichen von der Baugrundbeschreibung auch für Konzerne ein tatsächlich nicht abzuschätzendes Risiko darstellen kann.

Durch die besondere Konstellation des Projektes, die Vergabe an einen Betreiber, der innerhalb von 50 Jahren Baukosten und Gewinn einholen muß, wird die Zielsetzung der Methode deutlich. Dieses Modell geht zwar grundsätzlich von einer Möglichkeit der zutreffenden Beschreibung des Baugrundes aus, also von einer optimalen Form der Leistungsbeschreibung. Das eigentliche Ziel ist aber nicht ein ausgeglichenes Verhältnis der Risiken und darauf basierender Kosten- und Terminsicherheit für beide Seiten in akzeptablem Rahmen oder eine verbesserte Ausschreibungsmethode in dieser Hinsicht. Im Vordergrund steht eine feste Kalkulationsbasis für den Betreiber, der Risiken in bezug auf seinen zu erzielenden Gewinn abgeben möchte. Technische Aspekte, wie Beschreibungsverfahren des Baugrundes, grundsätzliche Planung etc. sind nur Mittel zum Zweck und stehen an zweiter Stelle. Ein Betreiber versucht aus betriebswirtschaftlichen Gesichtspunkten dem Tunnelbau Kostensicherheit aufzuerlegen.

Einen anderen Weg schlägt die schweizerische Alp Transit Gotthard AG ein. Sie schließt aus den Untersuchungen vergangener und noch laufender großer Tunnelbauprojekten in der Schweiz, daß die Lösung einer optimalen Ausschreibung, Vergabe und darauf aufbauenden Vertragsmodells in der ausführlichen Planung des Auftraggebers liegt. Mit dieser geht er in eine herkömmliche Ausschreibung und vergibt die Bauleistung auf Grund der fairen Risikoverteilung mit Einheitspreisen[90]. Die Planung verbleibt somit beim Auftraggeber und dessen Erfüllungsgehilfen in Form von Fachplanern und Spezialisten. Der Auftragnehmer offeriert die technisch vorgegebenen Komponenten zu seinem Preis. Ein Mitdenken in der Planung ist nicht gefordert, vielmehr geht die Tendenz auf den ersten Blick in Richtung buchstaben- und plangetreuer Ausführung der Vorgaben.

---

[89] In Auslegung des BGB § 645 ff stellt der Baugrund ein vom Auftraggeber zur Verfügung gestelltes Material dar und verbleibt in dessen Risikobereich.

[90] Vgl. Märki, Schaad, Moser, Zbinden „Vertragsplanung ALP Transit Gotthard – Ein Ergebnis von Risikoanalyse und Projektplanung" Felsbau 5/1998

Das Wissen und die Möglichkeiten des Unternehmers gehen bei diesem Modell indirekt in die Lösung der Aufgabenstellung ein. Ein wichtiger Bereich, der über Wissen in bezug auf Ausführung und damit auch auf Fehler in Planung und Vertrag verfügt, wird also nicht ausgeschlossen.

Das wird durch in der Schweiz existierende Arbeitskreise der NEAT ermöglicht. Diese bestehen aus Auftraggebern, Planern und Baufirmen, die in Abständen ihr Wissen und ihre Erfahrungen austauschen und somit in kommende Projekte einfließen lassen. Dieses Einfließen von Wissen und Beteiligen aller entspricht dem Konsensmodell, das der Schweizer Demokratie zu Grund liegt. Diese Möglichkeit besteht jedoch nur, weil es sich um einen kleinen, in sich geschlossenen Markt handelt, dessen Größenordnung überschaubar ist. Konkurrenz von außen hat nur beschränkten Zugang, wodurch ein Auftraggeber den Bieterkreis fachlich einzuschätzen in der Lage ist. In einem offenen europäischen Markt würde dieses Modell, bei dem eine Gruppe von Spezialisten, namentlich der Unternehmer, aus der Planung gänzlich ausgeschlossen wird, hingegen unweigerlich zum Verlust von Neuerungen und Entwicklungen auf dem Sektor des Tunnelbaus führen.

Die Probleme des Tunnelbaus werden bei diesem Modell jedoch in vorbildlicher Weise ganzheitlich und mit dem Ziel einer zufriedenstellenden Lösung für alle Beteiligten angegangen. Die Lösung an sich erscheint jedoch zu sehr auf die Region zugeschnitten zu sein.

Ein weiteres interessantes Vertragsmodell ist das Projekt "Cleaner Harbour" im Rahmen der Olympischen Spiele 2000 in Sydney/ Australien. Ein Abwassertunnelsystem, das Northside Storage Tunnel Project, von einer Gesamtlänge von 21,3 km, soll unter hohem Zeitdruck und unter schwierigen geologischen Verhältnissen erstellt werden. Der Auftraggeber, die Sydney Water, beabsichtigte unter diesen Umständen von Beginn an, alle Projektbeteiligten an einem Strang ziehen zu lassen und von Anfang des Projektes an mit einzubeziehen[91].

Dazu mußte ein neuer Weg in der Planung und Vertragsgestaltung gegangen werden, der in bezug auf die Vergütung im Grunde Züge eines Selbstkostenerstattungsvertrags trägt. Planung, Entwurf, Konstruktion etc., wie auch Ausführung und Management werden von einer gemeinsamen Projektgruppe, die sich aus den beteiligten Parteien zusammensetzt, erstellt und geleitet. Indem somit ein gemeinsames Team partnerschaftlich arbeitet, gemeinsame Interessen verfolgt und das vertragliche einvernehmlich geregelt hat, soll ein optimales Konzept entstehen. Das Problem von Mehrkosten und Unstimmigkeiten in Planung und Ausführung sollen so gelöst werden. Eine Politik der "offenen Bücher" ermöglicht, daß der Unternehmer für direkte Kosten nach je nach Entstehen vergütet wird. Darüber hinausgehende Margen und indirekte und gebundene Kosten werden nach vereinbarten üblichen Werten abgegolten. Der am Ende stehende Gewinn oder Verlust wird nach einem Schlüssel unter den Vertragspartnern aufgeteilt.

---

[91] Vgl. Wallis „Northside „alliance" for Sydney`s cleaner harbour" Tunnels & Tunneling International 3/1999

Dieses Modell, welches sich nach Auskunft seiner Urheber zu aller Zufriedenheit entwickelt und ein optimales Zusammenspiel aller Beteiligter zur Folge hat, verbindet eine Reihe positiver Effekte[92]. Der Unternehmer, wie auch Planer, werden frühzeitig in ein Lösungskonzept mit einbezogen und können gemeinsam Ziele verfolgen. Daraus wird unweigerlich ein Innovationsschub entstehen. Jedoch geht es von einer zu idealistischen Sichtweitse aus, daß nämlich alle Beteiligten gleichermaßen in erster Linie am Erfolg des Projektes interessiert sind und ihre eigenen Ziele dahinter stellen werden. Der Unternehmer wird aber versuchen, Profit zu erwirtschaften. Dadurch bleibt der Druck auf kostensenkende Alternativen, effizienteres Arbeiten und Optimierung von Prozessen aus. Die Risiken, die beim Auftragnehmer verbleiben, sind unter Umständen zu gering, um das Interesse an Kostensenkung zu fördern. Das ganze Modell erscheint zu idealistisch, gemessen an der Realität im Baugewerbe.

Ein weiteres in bezug auf Ausschreibung, Vergabe und Vertragsgestaltung interessantes und großes Tiefbauprojekt in Deutschland, bei dem ebenfalls erstmalig die funktionale Leistungsbeschreibung angewandt wird, ist der Bau der 4. Röhre des Elbtunnels in Hamburg. Bei diesem ist die Baubehörde Tiefbauamt der Freien und Hansestadt Hamburg Auftraggeber. Auf Grund dessen muß die Ausschreibung dieses Projektes nach VOB/ A Abschnitt 3 den "b" - Paragraphen, und nicht den Abschnitt 4 (VOB – SKR) erfolgen. Dieser Umstand bedingt allein schon ein anderes Vorgehen und ein geringeres Spektrum an Freiheiten.

Wurden die 1975 in Betrieb genommenen ersten drei Röhren, mit an Land gefertigten Absenktunneln mit Fertigteilen, auf der Seite des Südufers und im Bereich der Elbe gebaut und auf der Seite des nördlichen Elbhanges im Schildvortrieb, so war dieses Verfahren aus Gründen des Umweltschutzes nicht mehr umsetzbar. Fortschritte im maschinellen Tunnelbau, insbesondere auf dem Gebiet der Vollschnittmaschinen und der Tübbingauskleidung, machten ein Auffahren mit einer Tunnelbohrmaschine trotz geringer Überdeckung und schwiegen geologischen Verhältnissen möglich.

---

[92] Vgl. Wallis „Northside „alliance" for Sydney's cleaner harbour" Tunnels & Tunneling International 3/1999

2. Teil: Die funktionale Leistungsbeschreibung

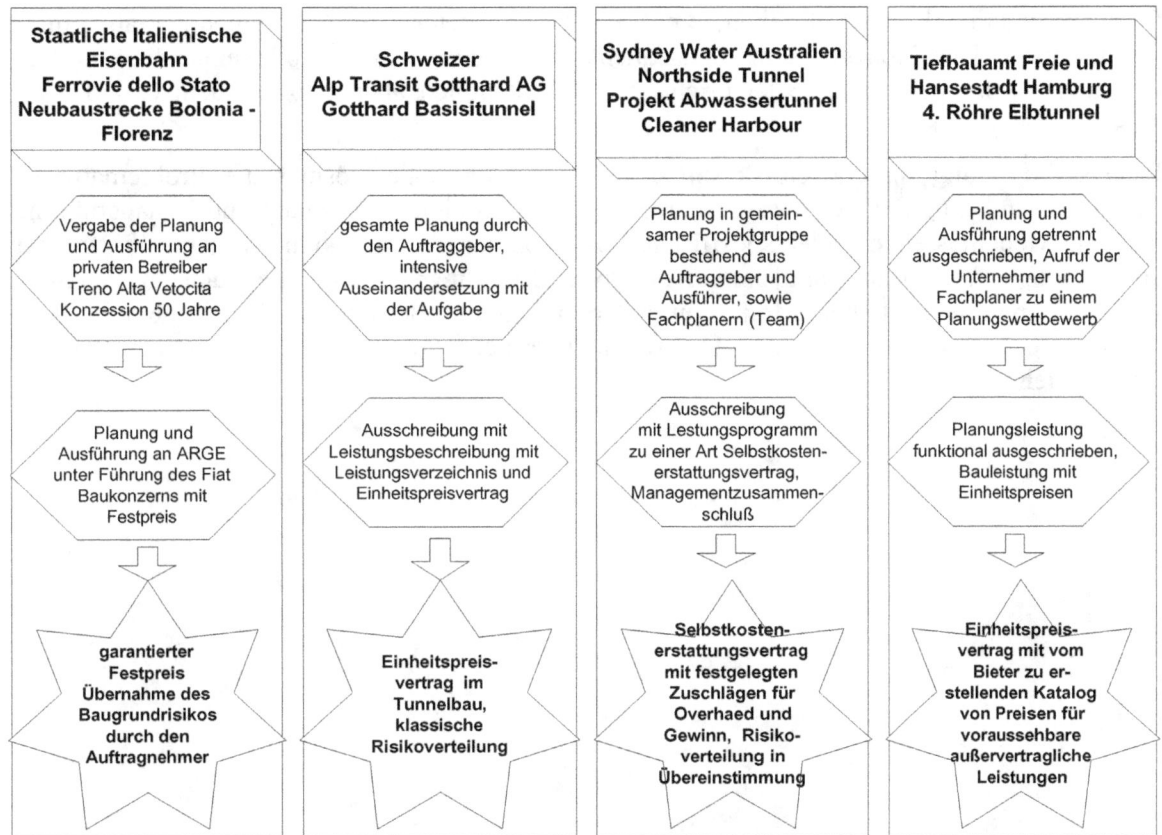

Abbildung 18: Ausblicke auf internationale Modelle der Ausschreibung, Vergabe und Vertragsgestaltung im Tunnelbau

Es bedurfte einer gründlichen und möglichst sicheren Bestimmung aller wichtigen Parameter, die für den Bau relevant sind. Der Auftraggeber entschied sich daher, den umgekehrten Weg der klassischen Projektierung einzugehen und schrieb 1986 einen Ideenwettbewerb aus, um das daraus gewonnene Wissen in bezug auf Technik und innovative Details, bereits in das Planfeststellungsverfahren einzubringen[93].

Nach einer Einstellung der Projektbearbeitung 1991 wurde 1993 die Baumaßnahme international mit funktionaler Leistungsbeschreibung ausgeschrieben, um auch hier noch einmal das Können und technische Wissen der Unternehmer einfließen zu lassen. Der Bieterkreis wurde durch ein nicht offenes Verfahren auf kompetente Anbieter eingeschränkt.

In diesem Beispiel wurde versucht, das besondere Wissen der Unternehmer in bezug auf die Ausführung frühzeitig in die Planung einfließen zu lassen. Es wurde in einem sehr frühen

---

[93] Vgl. Bilecki „Bau der 4. Röhre des Elbtunnels in Hamburg: Bauaufgabe, Risiken, Lösungswege, Störfallanalyse, Risikobewertung und -verteilung" Tunnel für Menschen Sitzungsberichte World Tunnel Congress Vienna 1997

Stadium funktional ausgeschrieben, die Einheit von Bieter und Auftragnehmer aber nicht gewährleistet. Das Konzept setzt konsequent die eigentlichen Vorteile einer funktionalen Leistungsbeschreibung um, widerspricht sich schlußendlich aber selbst, indem es auf zwei Ausschreibungen beruht.

Keines dieser angesprochenen Beispiele stellt eine optimale Lösung der Problematik im Tunnelbau in bezug auf Leistungsbeschreibung, Ausschreibung, Vergabe und Bauausführung dar. Die Modelle stellen projektspezifische Lösungen dar, die nicht ohne weiteres übertragbar sind. Trotz guter Ansätze und einiger positiver Erfahrungen, bleibt die Suche nach einem verbesserten grundsätzlichem Modell für außergewöhnliche Bauwerke. Dieses muß noch mehr auf dem Grundsatz beruhen, den Unternehmer früher und intensiver mit in die Planung einzubeziehen.

3 Teil: Das Modell der funktionalen Leistungsbeschreibung mit Konstruktionswettbewerb

3.1 Zielsetzung

Aus der vertieften Untersuchung[94] der Leistungsbeschreibung, Ausschreibung und Vergabe der Neubaustrecke Köln – Rhein/ Main sollen die nötigen Konsequenzen gezogen werden, um ein verbessertes Modell einer funktionalen Leistungsbeschreibung für den Tunnelbau zu entwickeln.

Das Modell beschränkt sich auf solche Tunnelbauprojekte, die auf Grund der Umstände in Planung, Ausführung und äußeren Einflüssen eine außergewöhnliche Herausforderung an alle Beteiligten darstellen. Herkömmliche Tunnelbauten mit diesem auszuschreiben und zu vergeben, ergibt durch das aufwendige Verfahren keine Vorteile.

Das verfolgte Ziel ist es, die eigentlichen Vorteile einer funktionalen Leistungsbeschreibung zu Nutzen. Es soll ein ausgewogenes Verhältnis der Verteilung der Risiken für alle Beteiligten und eine berechtigte Kosten- und Terminsicherheit auf Seiten des Auftraggebers herbeigeführt werden. Das Verhältnis zwischen Auftraggeber und Auftragnehmer basiert auf kooperativer Zusammenarbeit.

In diesem Sinne ist es wichtig, daß das Ausschreibungs- und Vergabeverfahren als fair empfunden wird und die Akzeptanz der Beteiligten hat.

Betrachtet werden nur Tunnelbauwerke, nicht zum Beispiel ein Modell der Ausschreibung und Vergabe einer ganzen Eisenbahnstrecke. Diese Einschränkung basiert auf der Erkenntnis, daß der Tunnelbau auf Grund seiner Besonderheiten im Hinblick auf Leistungsbeschreibung, Kenntnisse des Baugrundes und technischer, wie auch verfahrenstechnischer Hinsicht, gänzlich anders zu behandeln ist, als Bauabschnitte in freier Strecke, Einschnitten oder Brückenbauwerken.

Es spricht nichts gegen die Möglichkeit, einen solchen Weg der Ausschreibung, Vergabe und des Vertragsabschlusses in einen Gesamtvertrag zu integrieren. Es müssen die auftretenden Schnittstellen sorgfältig eruiert und abgegrenzt werden. Dabei handelt es sich zwar um eine komplexe, nicht aber um eine unmögliche Aufgabe.

---

[94] Vgl. dazu die Projektstudie der Neubaustrecke Köln – Rhein/ Main, insbesondere die in der Zusammenfassung gefolgerten Schlüsse.

3.2 Ausschreibung und Vergabe mit funktionaler Leistungsbeschreibung mit Konstruktionswettbewerb

3.2.1 Definition

Der Begriff der funktionalen Leistungsbeschreibung wird von Kapellmann als Leistungsbeschreibung definiert, die lediglich aus Vorgaben in bezug auf die spätere Nutzung des Bauwerkes besteht[95]. Konstruktionswettbewerb drückt aus, daß die Konstruktion in Form des Vorentwurfes im Wettbewerb ausgeschrieben wird.

Abbildung 19: Elemente eines optimalen Konzeptes der Planung und Ausführung

---

[95] Vgl. Kapellmann „Funktionale Leistungsbeschreibung" Baumarkt 1/1998 bis 6/1998

Die funktionale Leistungsbeschreibung mit einem Konstruktionswettbewerb ist die konsequente Verfolgung des im vorangegangenen gedachten Weges. Sie setzt bereits nach der Grundlagenermittlung zum Stadium der Vorplanung ein und hat zum Ziel, die genannte Einseitigkeit der Verlagerung von Risiken und den Versuch der Kostenfestschreibung durch Risikoverlagerung durch Ausnutzen der Vorteile bei funktionalem Ausschreiben zu ersetzen.

Der Auftraggeber übernimmt nur noch die Grundlagenermittlung und bewirkt das Raumordnungsverfahren (ROV). Bereits während der Vorplanung wird der Bieter mit seinen besonderen Kenntnissen betreffend der Ausführung eingebunden.

Es werden die Vorplanung, der Entwurf der Bauleistung, wie auch die Bauleistung an sich ausgeschrieben.

Das heißt im Detail, daß sich der Auftraggeber eines Tunnels ganz im herkömmlichen Sinne über die eigentliche Aufgabenstellung im klaren sein muß. In diesem Abschnitt wird der bisher eingeschlagene Weg nicht verlassen. Eine Bestandsaufnahme, die sich am Beispiel der DB AG in einem Bundesverkehrswegeplan (BVP) niedergeschlagen hat, hat ergeben, daß eine neue Eisenbahntrasse von A nach B benötigt wird. Diese ist auf politischer Ebene beschlossen und wird im Raumordnungsverfahren (ROV) auf Ihre Verträglichkeit hin geprüft. Der Auftraggeber hat ein funktionales Leistungsprogramm aufgestellt, die einzuhaltenden Gesetze, Normen und Richtlinien stehen fest.

Von Seiten des Auftraggebers muß ein Katalog der Anforderungen an die Leistung und deren Nutzung, sowie wie ein Bewertungsmaßstab vorgegeben werden.

In der darauf folgenden Phase der Projekt- und Planungsvorbereitung wird ein neuer Weg beschritten. Die Leistung wird ausgeschrieben, alle weitere Planung und die Erstellung vergeben. Angesprochen werden im Grunde Generalübernehmer, die in der Lage sind, die Vorplanung, Entwurfsplanung, Ausführungs- und Genehmigungsplanung nebst Ausführung zu übernehmen. Obwohl das Raumordnungsverfahren (ROV) abgeschlossen ist, steht die Vorplanung dem Unternehmer fast gänzlich frei. Die Trasse bleibt in den Grenzen, die das Raumordnungsverfahren (ROV) zuläßt variabel. Dem Bieter steht theoretisch ein Abweichen und erneutes Raumordnungsverfahren (ROV) frei.

Es ist für die Belange des Auftraggebers unerheblich, ob er sich an einen Planer oder einen Bieter, der die Planung übernimmt, wendet. Ob erst geplant, dann ausgeschrieben, oder die Planung gleich mit der Ausführung ausgeschrieben wird, macht insofern keinen Unterschied, als daß sich der Auftraggeber in beiden Fällen an einen Dritten wendet und seine Ziele "verbal" mitteilt [96]. Der eigentliche Unterschied liegt zum einen darin, daß ein Bieter, entgegen einem Planer, nur eine Variante favorisiert und zum anderen sich dadurch die Verantwortlichkeiten für die Planung verändern.

---

[96] Vgl. Kapellmann/ Schiffers „Funktionale Leistungsbeschreibung" Baumarkt 2/1998

3. Teil: Funktionale Leistungsbeschreibung mit Konstruktionswettbewerb

Der Bieter als Bauunternehmer bei einer funktionalen Leistungsbeschreibung in diesem Stadium muß sich mit den auftraggeberseitig gemachten Vorgaben in bezug auf die Nutzung so intensiv auseinandersetzen, wie es sonst ein Objektplaner zu tun hätte. Er sucht unter Beachtung der Vorgaben des Auftraggebers aus der Fülle der funktionsgerechten Lösungen die heraus, verfolgt und bietet sie an, die ihm in der Gesamtheit als die wirtschaftlichste und optimale erscheint[97].

Worin liegt der Vorteil dieses Weges? Der Objektplaner hat nicht unbedingt die Erfahrungen und das Wissen des Bieters in bezug auf die gesamte Materie. Damit das bei den Unternehmern der Fall ist, muß daraus unweigerlich der Schluß gezogen werden, daß nur qualifizierte und leistungsfähige Bieter zugelassen werden dürfen. Es muß ein Präqualifikationsverfahren vorangestellt werden.

Gewichtiger ist jedoch, daß kein Planer in der Lage ist, die jeweiligen Möglichkeiten von Ressourcen, Disposition, vorhandenen Materialien, Geräten und qualifizierten Personal, wie auch Innovationspotential der Unternehmer auszumachen.

Indem der Unternehmer einen Planer zu Rate ziehen muß, bzw. der Bieter aus einem Konsortium aus Bauunternehmer und Planer besteht, gehen keinerlei fachliche Kenntnisse auf diesem Weg verloren. Der Einfluß des Planers wirkt nicht mehr auf den Auftraggeber, sondern auf den Unternehmer. Dadurch wird gewährleistet, daß er nicht mehr vor dem Unternehmer steht, dessen Weisungen und Vorgaben Folge geleistet werden muß. Vielmehr wird es seine Aufgabe, dem Unternehmer fachlich kompetent beratend zur Seite zu stehen und die Möglichkeiten planerisch umzusetzen. Das Verhältnis Planer zu Unternehmer wird gleichgestellt[98].

Darüber hinaus fallen die Vorteile aus Einheit von Planer und Ausführer, der damit einhergehenden Risikoverteilung ins Gewicht sowie der Wettbewerbsdruck auf die Planung.

Das einzuschlagende Verfahren der Ausschreibung und Vergabe stellt sich im groben grundsätzlich in den folgenden zwei Möglichkeiten dar:

1. Ausschreibung und Vergabe von Planung und Bauleistung des Projektes in einem internationalen Wettbewerb nach VOB/ A Abschnitt 4 (VOB/ A – SKR) nach § 3 Nr. 2 c im Verhandlungsverfahren. Vorangestellt wird ein Aufruf zum Wettbewerb, bei dem potentielle Bieter ihr Interesse an der Teilnahme zum Wettbewerb bekunden können und sich einem Präqualifikationsverfahren stellen müssen.

2. Ausschreibung und Vergabe der Planung und der eigentlichen Bauleistung in zwei getrennten Schritten. Die Planungsleistungen werden in einem internationalen Wettbewerb zum Beispiel nach den Regelungen der VOF ausgeschrieben und

---

[97] Vgl. Kapellmann/ Schiffers „Funktionale Leistungsbeschreibung" Baumarkt 2/1998

[98] In einem Konsortium bestehend aus Planern und Unternehmern stellt sich dieses Verhältnis der Gleichberechtigung am besten ein.

vergeben, welchem ebenfalls ein Präqualifikationsverfahren vorangestellt wird. Die Bauleistungen werden nach absehbarem Abschluß des Planfeststellungsverahrens nach dem unter Punkt 1 angegebenen Verfahren ausgeschrieben und vergeben.

Abbildung 20: Schematischer Ablauf der Ausschreibung mit funktionaler Leistungsbeschreibung im Konstruktionswettbewerb

3. Teil: Funktionale Leistungsbeschreibung mit Konstruktionswettbewerb

Bei der ersten Möglichkeit stellt sich die Frage, ob Bauunternehmer und Planer gleichermaßen zu einem Wettbewerb aufgefordert werden sollen. Grundsätzlich ist es dem Auftraggeber gleichgültig, wer das beste Konzept liefert und wer es umsetzt. In diesem Sinne spricht nichts dagegen, daß auch Planer eingeladen werden. Diese verfügen eventuell über Erfahrungen bezüglich der Ausführung, die sie einbringen können, bzw. können sich fehlendes Wissen bei Bauunternehmen gegebenenfalls „einkaufen".

Es soll aber die gesamte Leistung von einem Generalübernehmer geplant und ausgeführt werden, der dem Auftraggeber Aufgaben, Verpflichtungen und Risiken abnimmt. Dazu ist eine Bauunternehmung imstande, ein Planer jedoch kaum.

Eine Ausschreibung, bei der auch oder nur Planer angesprochen werden, stößt darüber hinaus an Probleme bezüglich der Vereinbarkeit des Modells mit der VOB/ A. Diese ist lediglich für die Ausschreibung und Vergabe von Bauleistungen anzuwenden, zu denen auch umfangreiche Planungsleistungen von Nöten sein können[99]. Für die Ausschreibung von reinen Planungsleistungen ist sie hingegen nicht geeignet.

Es kommen im Grunde neben Unternehmen der Bauindustrie, die über eigene Planungsabteilungen verfügen, nur Konsortien, bestehend aus Bauunternehmungen und Planern, in Frage. Derartige Verbindungen sind zum Beispiel im Kraftwerks- und Anlagenbau durchaus üblich.

Bei der zweiten Möglichkeit tritt ein Problem auf, welches mit den eigentlich mit dieser Methode gesteckten Zielen in Konflikt steht. Es ist nicht gewährleistet, daß Planer und späterer Ausführer ein und dieselbe Person darstellen. In der zweiten Stufe der Ausschreibung, wenn es um die Bauleistung geht, kann der Auftraggeber den vorherigen Bieter mit dem besten Konzept nicht auf Grund des Umstandes zum Auftragnehmer bestimmen, weil dieser das Konzept an sich aufgestellt hat. Es muß unter dem Gesichtspunkt des Wettbewerbs der Bestbieter ermittelt werden. Der Bieter mit der besten Planung wird folglich nicht ohne weiteres später auch den Zuschlag im Rahmen der Ausschreibung der Bauleistung erhalten.

Der Auftragnehmer steht, wenn er nicht der Bieter des Konzeptes war, nicht in der Verantwortung zu diesem. Er wird sich damit weder identifizieren, noch bleiben die Vorteile aus dem Sachverhalt der Durchgängigkeit von Planung und Ausführung erhalten. Außerdem hätte die Ausschreibung der Planungsleistungen nach einer geeigneten Norm zu erfolgen, nicht jedoch nach VOB/ A.

Im Fall einer getrennten Ausschreibung von Planung und Ausführung müßte die Planung darüber hinaus gesondert vergütet werden.

Soll erreicht werden, daß eine Durchgängigkeit von Planung und Ausführung mit allen Vorteilen beibehalten wird, muß Planung und Ausführung gemeinsam ausgeschrieben und

---

[99] Die Frage, inwieweit Planungsleistungen Bestandteil von Bauleistungen sein können, wird mit VOB/ A ausgeschrieben, wird an späterer Stelle aufgegriffen.

vergeben werden. Die Ausschreibung erfolgt dementsprechend mittels VOB/ A mit den Planungsleistungen als Bestandteil. Vertraglich wird die Bauleistung dann zum Beispiel nach der VOB/ B vereinbart, die Planungsleistung nach einer in wirtschaftlicher und rechtlicher Hinsicht gesonderten Vereinbarung.

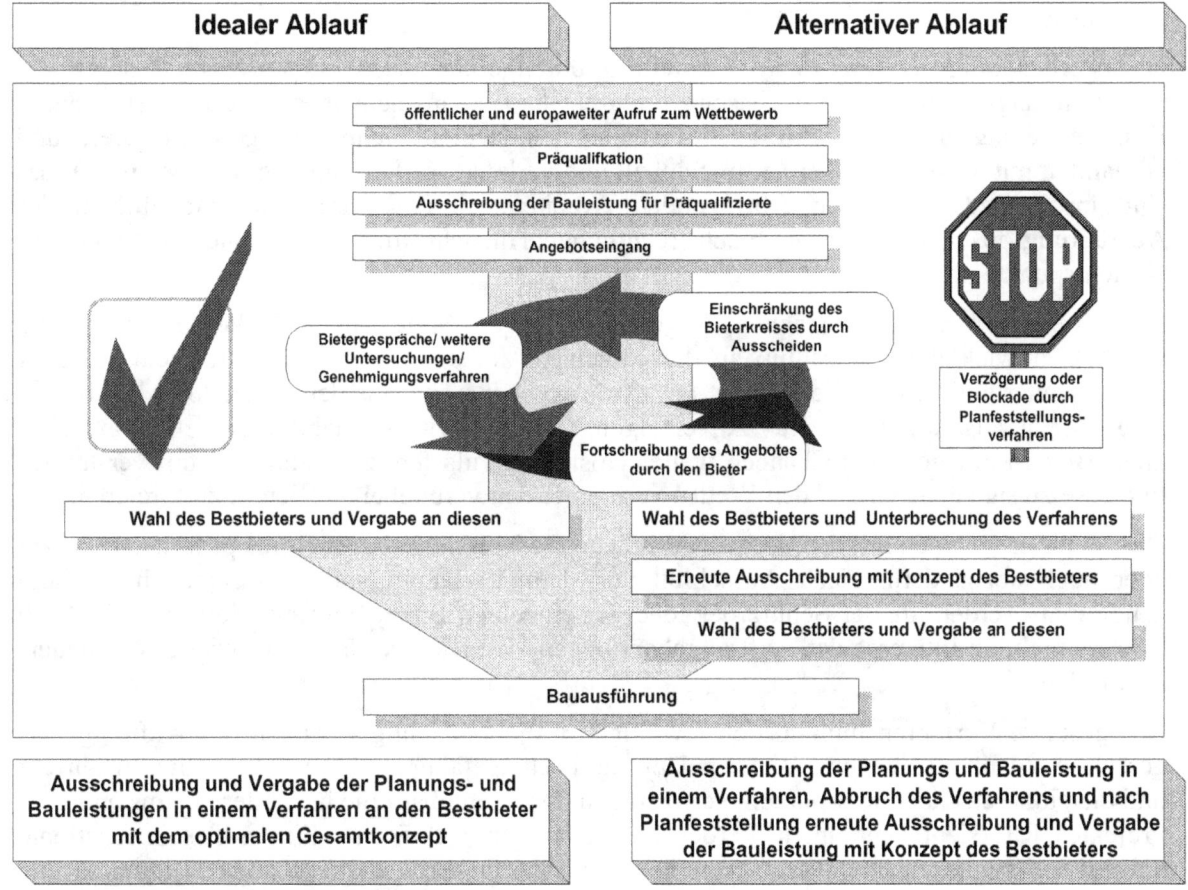

Abbildung 21: Alternative Vorgehensweise der Ausschreibung mit funktionaler Leistungsbeschreibung mit Konstruktionswettbewerb

Die zweite Vorgehensweise, getrennte Ausschreibung von Planung und Ausführung soll daher grundsätzlich nicht zum Zuge kommen. Sie stellt lediglich in Ausnahmefällen eine Alternative dar. Dazu kann es kommen, wenn zum Beispiel das Planfeststellungsverfahen (PFV) oder andere widrige Umstände einen Abbruch der Ausschreibung aus gewichtigen Gründen erfordern. Auf diese Problematik wir an anderer Stelle eingegangen. Das zweistufige Verfahren nach einem Abbruch des einstufigen Verfahrens muß aber bereits in der Ausschreibung bedacht werden, um nicht an Probleme rechtlicher Natur zu stoßen. Dabei gilt es insbesondere Schadenersatzansprüchen der Bieter vorzubeugen. Diese Problematik muß im Zusammenspiel mit Baujuristen im Einzelfall gelöst werden.

Das Präqualifikationsverfahren soll einer ersten Einschränkung des Bieterkreises auf Leistungsfähige ermöglichen, das anschließende Verhandlungsverfahren der endgültigen Bieterauswahl.

Das Verhandlungsverfahren wird mehrstufig durchgeführt, zieht sich eventuell durch die Genehmigungs- und Planungsphasen hindurch und kennzeichnet sich durch steigenden Konkretisierungsgrad. Der Auftraggeber wendet sich dabei an mehrere ausgewählte Bieter und verhandelt mit diesen über den Auftragsinhalt und verlangt Aufklärung über die Details. Dieses sind im besonderen die zu erbringenden Arbeiten, die Verfahren, die Modalitäten der Ausführung in technischer als auch rechtlicher Hinsicht, die Preise und alle weiteren Gesichtspunkte des Konzeptes[100].

Interessierte Unternehmer machen Angebote, die von Stufe zu Stufe konkreter werden. Folglich entwickelt im Anschluß an die einzelnen Verhandlungen der Bieter sein Konzept immer weiter und geht in die Details. Der Auftraggeber wählt aus dem Bieterkreis die besten Angebote heraus, um diese weiter zu verfolgen. Dieser Schritt ist unabdingbar, zum einen, um nicht Bietern mit geringen Chancen weiter Kosten aufzulasten, zum anderen, um verstärktes Interesse zu signalisieren und den Wettbewerb unter den verbliebenen Bietern zu forcieren.

Die Bieter haben während der Vergabegespräche die Möglichkeit, ihr Konzept fortzuschreiben oder auch abzuändern. Nach Ausschluß aus dem Verfahren soll davon jedoch Abstand genommen werden, da der Schutz der Idee der einzelnen Bieter gewahrt bleiben muß. Auch kann es nicht im Interesse des Auftraggebers liegen, den Bieterkreis immer wieder von neuem anzufüllen.

Das gesamte Verfahren muß so den jeweiligen projektabhängigen Zielen des Auftraggebers gerecht werden, indem es nur Bieter zuläßt, die leistungsfähig sind, über die nötige Erfahrung und die einzusetzenden Ressourcen etc. verfügen. Dabei muß auf die besonderen Umstände des Projektes Rücksicht genommen werden, wie auch auf technische. Ein großes international agierendes Bauunternehmen kann zum Beispiel ohne weiteres über die nötige Liquidität und weiteren Ressourcen verfügen, jedoch weniger erfahren im Tunnelbau sein, als ein mittelständischer spezialisierter Tunnelbauer. Die Abwägung unterliegt den Interessen des Auftraggebers in bezug auf seine Ziele.

Der Preis an sich sollte keinesfalls ein alleiniges Entscheidungskriterium sein. Ein günstiges Angebot entspricht zwar vordergründig dem Interesse des Auftraggebers, kann sich jedoch schnell ins Gegenteil verkehren. Weitaus bedeutender ist es hingegen, welche Annahmen und Risiken der Bieter getroffen bzw. einkalkuliert hat.

---

[100] Vgl. Heiermann/ Riedl/ Rusam „Handkommentar zur VOB Teile A und B" Bauverlag 1997

Letztendlich soll der Bestbieter auf diesem Wege zum Zuge kommen. Die Vergabe erfolgt wie üblich spätestens vor Beginn der Ausführung.

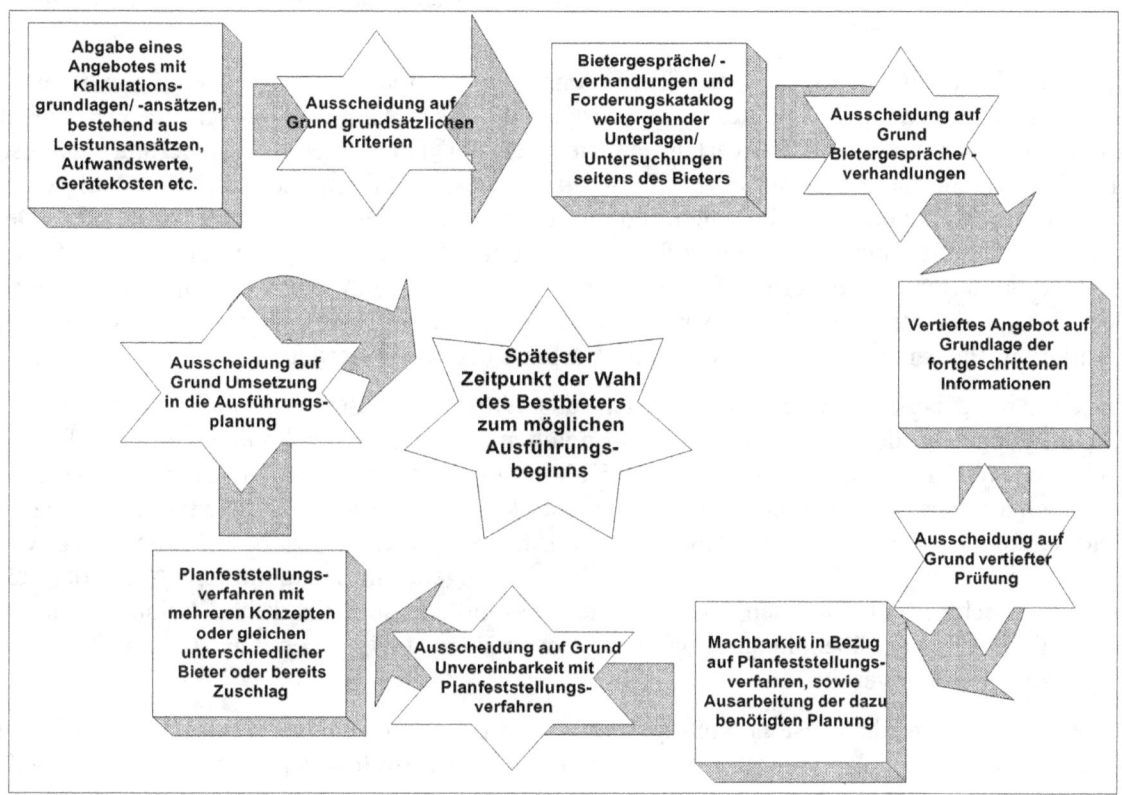

Abbildung 22: Wahl und Zeitpunkt der Wahl des Bestbieters

Das Aufstellen eines Auswahlkriteriums ist pauschal nicht möglich und keinesfalls sinnvoll. Ein solches muß grundsätzlich unter Abwägung der beteiligten Bieter, des Bauwerkes, der Randbedingungen, Anforderungen des Auftraggebers und letztendlich der Erfahrung und der Beurteilungsfähigkeit des Auftraggebers getroffen werden. Es muß aber der Ausschreibung zugrunde gelegt werden und bekannt sein.

Die funktionale Leistungsbeschreibung mit Konstruktionswettbewerb hat den vordergründigen Nachteil, daß verschiedenste Angebote, die nur schwer auf Grund ihrer unterschiedlichen Konzepte und des noch geringen Standes der Ausarbeitung zu vergleichen sind, eingehen. Verstärkt wird dieses durch das mehrstufige Verfahren.

Dieser Nachteil ist aber nur vordergründig, weil der Auftraggeber vor dem gleichen Problem steht, wendet er sich an einen Objektplaner. Einige Konzepte werden schnell ausscheiden, weil sie nicht konkurrenzfähig sind, an der Umsetzung offensichtlich scheitern werden, nicht der Risikobereitschaft des Auftraggebers in bezug auf Innovation oder Verfahren entsprechen, schlicht zu teuer sind etc.. Andere werden erst nach genauerer Prüfung in eine Prioritätenliste eingereiht werden können. Um zu dieser zu gelangen, dient das Prinzip der Bietergespräche und der Verhandlungsstufen.

Die Bieter haben ihre verschiedenen Lösungen, gleich Alternativen eines einzigen Planers, durch Zeichnungen und Erläuterungen dargestellt. Es liegen die generelle Geometrie, Aufteilung, Zuordnung, das Bauverfahren, wie auch der Trassenverlauf, Sicherung etc. fest. Darauf aufbauend hat der Bieter eine Kalkulation aufgestellt, die nur so weit ins Detail gehen kann, wie der Planungs- und Genehmigungsstand es zu diesem Zeitpunkt zulassen. Der Auftraggeber wird seine Entscheidung für ein Angebot auf Grund des gesamten Konzeptes und bereits kalkulierter Preise treffen. Es tritt nicht mehr der Fall ein, daß der Objektplaner und/ oder ein erweiterter Beraterstab berät und lediglich eine Kostenschätzung aufstellt. Mit potentiellen Bietern kann über eine konkrete Variante diskutiert werden.

Um die angegebenen Preise, die lediglich das aktuelle Wissen bei noch einzuholenden Genehmigungen widerspiegeln können, vergleichen und prüfen zu können, müssen Regeln geschaffen werden. Dazu ist es sinnvoll, die Kalkulation offen zu legen, wie es zum Beispiel in Österreich allgemein der Fall ist. Der Auftraggeber kann somit die Preise, die nicht den letzten Stand darstellen können, über die Kalkulationsansätze vergleichen. Er überprüft den Weg, wie der Preis sich ergibt und kann dadurch auf das beste Angebot in bezug auf den Angebotspreis schließen. Nicht die eigentlichen Preise werden verbindlich, sondern die Kalkulationsansätze und Grundlagen. Darüber hinaus werden Prozentsätze für Allgemeine Geschäftskosten, Wagnis und Gewinn vereinbart.

In diesem Zusammenhang ist es wichtig, daß der Auftraggeber nur noch tatsächlich in Frage kommende Bieter zugelassen und den Kreis derer auf ein vertretbares Minimum eingeschränkt hat[101].

In bezug auf das vorgestellte Verfahren sind insbesondere die verschiedenen Genehmigungsphasen problematisch. Sie nehmen Einfluß auf die Realisierbarkeit des Konzeptes an sich. Zum einen wächst mit ihnen erst die Möglichkeit, die einzelnen Angebote zu verfeinern und zu konkretisieren. Zum anderen bestimmen die Dauern der Genehmigungsphasen, hier insbesondere das Planfeststellungsverfahren (PFV), in wieweit ein solches Modell einer Ausschreibung und Vergabe überhaupt umsetzbar ist.

Eine Untersuchung einer Ausschreibung zum Zeitpunkt der Entwurfsplanung kann daher nicht von den durchlaufenden Genehmigungsschritten getrennt werden.

---

[101] Dieses spielt auch in so fern eine Rolle und liegt in seinem Interesse, da der Aufwand gering gehalten werden muß, wobei an späterer Stelle über eine Vergütung der Kosten des Wettbewerbes nachgedacht werden soll.

Die tiefergehenden Erläuterungen und Details des angerissenen Modells, einer funktionalen Leistungsbeschreibung mit einem Konstruktionswettbewerb, sollen in den nun folgenden Kapiteln ausgearbeitet werden.

Es stellt sich im Hinblick auf dieses Modell, wie auch mit Blick ins Ausland die Frage, weshalb nicht gleich ein Betreibermodell erarbeitet wurde. Dieses ist nach deutschem Recht für Projekte des Infrastrukturbaus, die vom Staat finanziert werden nicht interessant. Nach Gather und Kritzinger[102] ist zum Beispiel die gegenwärtige Finanzierung einer Eisenbahntrasse, folglich auch eines Eisenbahntunnels durch die Regelungen des Bundesschienenwegeausbaugesetztes (BSchAG) geregelt[103]. Der Bund gewährt der DB AG hierfür zinslose Bundeskredite, wodurch die Finanzierung konkurrenzlos billig gegenüber einer privaten Investition wird. Ein privater Investor darf wiederum diese zinslose Finanzierung per Gesetz nicht erhalten. Die Finanzierung von Straßentunneln ist grundsätzlich ähnlich geregelt.

Damit scheidet leider ein interessantes Modell aus. Über eine private Finanzierung könnte über ein weitergehendes Modell, bei dem der Bieter und spätere Betreiber in die Auftraggeberrolle schlüpft und somit weitgehendere Risiken auf sich nehmen kann, nicht umgesetzt werden.

Dennoch bestehen gewisse Ähnlichkeiten des Vergabeverfahrens mit dem eines Betreibermodells. Es gehen Kriterien aus dem späteren Betrieb und dem Unterhalt in die Bewertung mit ein.

3.2.2 Ausschreibungs- und Vergabeverfahren

3.2.2.1 Rechtliche Grundlagen der Ausschreibung und Vergabe

Die Ausschreibung und Vergabe der Bauleistung mit funktionaler Leistungsbeschreibung mit Konstruktionswettbewerb erfolgt nach den Grundsätzen der VOB/ A Abschnitt 4 (VOB/ A – SKR)*[104]*. Die eigentlichen Voraussetzungen und Kernpunkte lassen sich folgendermaßen zusammenfassen:

> Der Auftraggeber fällt nach seinem Charakter unter die privaten Auftraggeber mit Tätigkeitsbereich in den Sektoren
>
> Beschreibung der Bauleistung mit funktionaler Leistungsbeschreibung

---

[102] Gatter/ Kritzinger „Private Finanzierungsmodelle für Eisenbahninfrastrukturen – Möglichkeiten und Grenzen" Internationales Verkehrswesen 9/1998

[103] Vgl. Heiermann „Der Funktionsbauvertrag" Bauwirtschaft 10/1998

[104] Diese Entscheidung wurde gefällt, weil im Grunde Tunnelbauprojekte im weitesten Sinne in den Bereich der Verkehrsversorgung oder Energieversorgung und somit unter die Tätigkeitsbereiche der Sektoren in der Europäischen Gemeinschaft fallen.

3. Teil: Funktionale Leistungsbeschreibung mit Konstruktionswettbewerb

- Ausschreibung und Vergabe nach VOB/ A, Abschnitt 4 (VOB/ A – SKR) im Verhandlungsverfahren

- Voranstellung eines Präqualifikationsverfahrens

- Vereinbarung von Bindefristen

- Vergabe zu Pauschalpreisen

Die funktionale Leistungsbeschreibung mit Konstruktionswettbewerb ist nur umzusetzen, wenn dem Auftraggeber größtmögliche Freiheiten hinsichtlich Ausschreibung und Vergabe gewährt und Formalitäten auf ein Minimum beschränkt werden. Aus diesem Grund kann das Modell nur verfolgt werden, wenn die Leistungsanfrage nach VOB/ A Abschnitt 4 (VOB/ A – SKR) § 3 Nr. 2 c im Verhandlungsverfahren erfolgt. Vorangestellt wird ein Aufruf zum Wettbewerb, bei dem potentielle Bieter ihr Interesse an der Teilnahme bekunden können und sich einem Präqualifikationsverfahren stellen müssen. Anschließend werden Planung und Bauleistung des Auftragsinhaltes unter den Gesichtspunkten eines internationalen Wettbewerbes mit ausgewählten Bietern verhandelt.

In diesem Zusammenhang muß noch geklärt werden, ob die VOB/ A dafür grundsätzlich einschlägig ist. Im ersten Teil der Arbeit wurde bereits angesprochen, daß sich die VOB/ A nur auf reine Bauleistungen bezieht[105], das heißt, für Planungsleistungen nicht anzuwenden ist. Wenn im Stadium der Vorplanung des Projektes im Sinne des dargestellten Verfahrens ausgeschrieben wird, so bedeutet das aber, daß die Planung vom Entwurf bis hin zur Bauausführung mitsamt der eigentlichen Ausführung, ausgeschrieben und vergeben wird.

Indem die VOB/ A Abschnitt 1 in § 9 Nr. 10 ff die Möglichkeit aber einräumt, Leistungen mit Leistungsprogramm zu beschreiben, wirft sie die Frage, wie denn nun diese Planungsleistungen zu vergeben sind, selbst auf, ohne eine direkte Antwort zu geben. Sie setzt dabei nach Heiermann voraus, daß die Bauleistung im Rahmen einer Ausschreibung mit Leistungsbeschreibung mit Leistungsprogramm der Hauptgegenstand des Vertrages ist und folglich die VOB/ A gegebenenfalls angewendet werden kann[106]. Diese Interpretation kann auf die funktionale Leistungsbeschreibung mit Konstruktionswettbewerb übertragen werden. Sie widerspricht demnach nicht den Regelungen der VOB/ A Abschnitt 4 (VOB/ A – SKR).

Eine Folge der gesetzlichen Grundlagen ist, daß indem die Ausschreibung und Vergabe nach VOB/ A Abschnitt 4 (VOB/ A – SKR) § 3 Nr. 2 c im Verhandlungsverfahren erfolgt, der Auftraggeber unter den Kreis der privaten in den Sektoren tätigen und als solcher definierter Auftraggeber fällt, bzw. von rein privater Natur ist. Alle anderen öffentlichen Auftraggeber

---

[105] Vgl. Heiermann/ Riedl/ Rusam „Handkommentar zur VOB Teile A und B" Bauverlag 1997

[106] Vgl. Heiermann/ Riedl/ Rusam „Handkommentar zur VOB Teile A und B" Bauverlag 1997

sind nach der momentanen Rechtslage nicht ermächtigt, mit dem beschriebenen Modell Bauleistung auszuschreiben und zu vergeben[107].

Entgegen der Regelungen der VOB/ A Abschnitt 4 (VOB/ A – SKR) setzt die funktionale Leistungsbeschreibung mit Konstruktionswettbewerb auf das Element eines Eröffnungstermins der Angebote. Davon wird Gebrauch gemacht, um die Transparenz des Wettbewerbs zu erhöhen und einen Bieterschutz zu gewähren. Der Auftraggeber gibt diesen Termin in den Vergabeunterlagen an.

Die eigentlichen Vergabeunterlagen im Sinne und in Anlehnung an die VOB/ A Abschnitt 4 (VOB/ A – SKR) gliedern sich in zwei Punkte, die im vorgestellten Modell übernommen werden:

 Der Aufforderung zur Angebotsabgabe (Anschreiben)

 Den Verdingungsunterlagen nach VOB/ A Abschnitt 4 (VOB/ A – SKR) § 7

Die Verdingungsunterlagen beinhalten:

 Die umfassende Beschreibung der Leistung

 Die Anforderungen an das Bauwerk

 Die Beschreibung des Nutzens des Bauwerkes

 Einen Anforderungskatalog an das Angebot

 Eine Aufschlüsselung des Angebotes

3.2.2.2 Präqualifikationsverfahren

Entsprechend der VOB/ A Abschnitt 4 (VOB/ A – SKR) §5 Nr. 5. (1) wird dem eigentlichen Aufruf zum Wettbewerb ein Präqualifikationsverfahren vorangestellt. Nur Bieter, die die darin gestellten Anforderungen erfüllen, werden anschließend zur Teilnahme am Wettbewerb zugelassen.

Die einzelnen Voraussetzungen, die im Präqualifikationsverfahren an die potentiellen Bieter gestellt werden, zeichnen sich durch das übergeordnete Interesse des Auftraggeber aus, nur leistungsfähige und verläßliche Bieter zuzulassen. Es ist der Schlüssel zur Gewährleistung des später angestrebten Verhältnisses von Auftraggeber und Auftragnehmer.

---

[107] Auch der Auftraggeber der Neubaustrecke Köln – Rhein/ Main praktizierte das Verhandlungsverfahren. Im Zusammenhang mit diesem konnten Bietergruppen zu Konsortien zusammengefaßt werden.

Es soll insbesondere gewährleisten, daß die späteren Auftragnehmer in der Lage sind,

    Die geforderte Bauleistung nach den geforderten Regeln der Technik

    Der geforderten Qualität

    Innerhalb des gesetzten zeitlichen Rahmens

    Mit dem nötigen unternehmerischen Können und Leistungsfähigkeit

herzustellen. Risiken infolge Bonität der Auftragnehmer oder solche, die durch ungenügende Kapazität entstehen, sollen keine Gefahr für das Projekt darstellen.

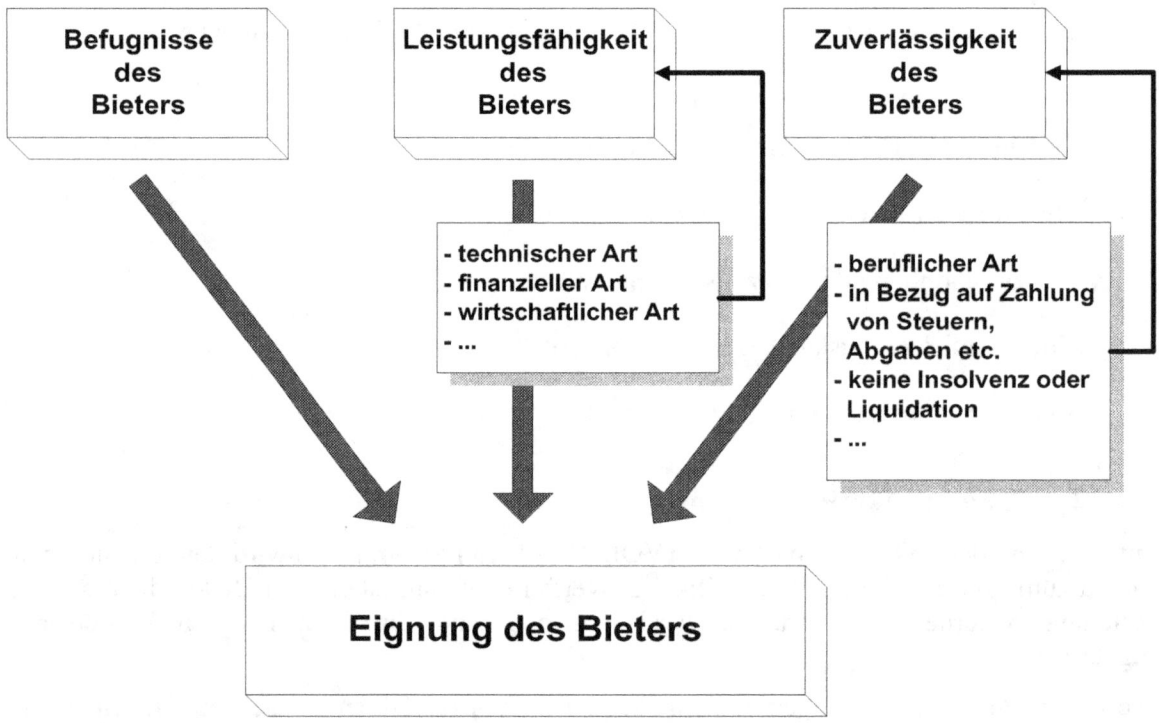

Abbildung 23: Inhalt des Präqualifikationsverfahrens

3.2.2.3 Verhandlungsverfahren

Die Bauleistung wird bei Ausschreibung und Vergabe mit funktionaler Leistungsbeschreibung mit Konstruktionswettbewerb nach den Grundsätzen der VOB/ A Abschnitt 4 (VOB/ A – SKR) § 3 Nr. 2 c im Verhandlungsverfahren ausgeschrieben und vergeben. Vorangestellt wird ein Aufruf zum Wettbewerb nach den Grundsätzen der VOB/ A Abschnitt 4 (VOB/ A – SKR) § 8.

Das Verhandlungsverfahren steht laut VOB/ A Abschnitt 4 (VOB/ A – SKR) § 3 Nr. 1 dem offenen Verfahren und nicht offenen Verfahren gleichrangig gegenüber, wenn die Leistung nicht eindeutig und erschöpfend in Art und Umfang bestimmt werden kann[108]. Dieser Umstand wird auf Grund des frühen Zeitpunktes der Ausschreibung und dessen, daß der Vorentwurf unter den Wettbewerb gestellt wird, gewährleistet. Die funktionale Leistungsbeschreibung mit Konstruktionswettbewerb unter den Bedingungen des Verhandlungsverfahrens ist demnach VOB/ A konform.

Das Verhandlungsverfahren besteht aus zwei Schritten:

Dem Aufruf zum Wettbewerb

Der Abgabe von Angeboten und dem daran anschließenden Verhandlungsverfahren

In einem ersten Schritt wendet sich der Auftraggeber durch einen öffentlichen Aufruf europaweit durch Bekanntgabe in den dafür vorgesehenen Amtsblätter an einen grundsätzlich nicht eingeschränkten Kreis potentieller Unternehmer. Interessierte Bieter werden zur Teilnahme am Wettbewerb geladen und aufgefordert, Angebote im Sinne des Aufrufs zum Wettbewerb abzugeben.

In darauffolgenden Schritt forderte der Auftraggeber, nachdem einige potentielle Bieter ihr Interesse nach Ausschreibungsstudium zurückgezogen oder die Voraussetzungen des Präqualifikationsverfahrens nicht erfüllt haben, die verbleibenden zur Abgabe eines Angebotes auf. Zu diesem Zweck werden ihnen die vollständigen Ausschreibungsunterlagen übergeben. Auf dieser Grundlage erstellten und kalkulierten die Bieter ihre Angebote, welche sie zum vereinbarten Submissionstermin einreichen.

Nach Eröffnung der Angebote erfolgt die nächste Stufe, die den eigentlichen Kernpunkt des Verhandlungsverfahrens darstellt. Der Auftraggeber geht mit den Bietern in Verhandlungen über das Angebot an sich und dessen Inhalt im Detail ein.

Von diesen Verhandlungen können grundsätzlich alle Punkte in bezug auf das Angebot betroffen sein. Es wird nicht nur über Preise verhandelt werden, auch Ausführungsmodalitäten in technischer und rechtlicher Hinsicht, Qualitätsanforderungen, Nachweisverfahren und Bauverfahren, werden zur Debatte stehen. Es wird zum Beispiel auch darüber verhandelt

---

[108] Vgl. Heiermann „Eisenbahnstrecke als „schlüsselfertiger Bau"" Handelsblatt vom 6.3.1998

werden, in welcher Weise der Auftraggeber grundsätzliche Anforderungen an Qualität diese bei Überschreitung der geforderten Ziele honoriert. Änderungen gegenüber der Ausschreibung können vorgenommen werden.

Es darf jedoch nicht willkürlich und nach Gutdünken des Auftraggebers verhandelt werden. Der Auftraggeber ist verpflichtet, sich nach den Regelungen der VOB/ A Abschnitt 4 (VOB/ A - SKR) § 2 Nr. 1, dem Diskriminierungsverbot, zu richten. Danach darf das Verhandlungsverfahren nicht dazu genutzt werden, in reinen Preisverhandlungen die verschiedenen Bieter gegeneinander auszuspielen[109].

Das mit dem Verhandlungsverfahren eigentliche verfolgte Ziel geht aus der Besonderheit der Ausschreibung und Vergabe mit funktionaler Leistungsbeschreibung mit Konstruktionswettbewerb hervor. Grundsätzlich bedingt das Verfahren, daß sich die eingehenden Angebote in der Lösung der Aufgabenstellung unterscheiden. Ein direkter Vergleich über Preis oder ähnliches ist nicht möglich. Der Bestbieter kann also nur über eine detaillierte Aufklärung und differenzierte Wertung der Angebote gefunden werden.

Der Bieter muß folglich sein Angebot in technischer Hinsicht wie auch in bezug auf seine Annahmen, Preise und Lösungen erklären. Das grundsätzliche Nachweisverfahren der gestellten Anforderungen stellt das Erfüllen der in der Ausschreibung zu Grunde gelegten Normen und anerkannten Regeln der Technik dar sowie die damit in Verbindung stehenden anzufertigenden Berechnungen und sonstigen Aufstellungen. Darüber hinausgehende Besonderheiten sind in den Verhandlungen zu diskutieren und gegebenenfalls zu vereinbaren. Über die geforderten Leistungen und deren Lösungen im Angebot, die auf Grund des Planungsstandes zum Zeitpunkt der Ausschreibung eventuell in bestimmten Bereichen oder Beziehungen nicht genau genug beschrieben werden können, ist aufzuklären und zu diskutieren.

Die Konzepte werden durch Vorantreiben von Untersuchungen etc. und der Genehmigungsverfahren fortgeschrieben und konkretisiert. Das bedeutet, daß das Angebot der Bieter zum Submissionstermin nicht der letze und endgültige Stand ist. Die besondere Form der Ausschreibung hat zum Ergebnis, daß die Bieter ihre Lösungen noch weiter ausbauen müssen, um verbindliche Angaben in bezug auf Angebot und Preise geben zu können. Dazu ist es nötig, daß in den Verhandlungen zum einen über weitergehende Untersuchungen und das Beschaffen von Unterlagen und Beschreibungen gesprochen wird. Darüber hinaus müssen mit den Lösungen die Genehmigungsverfahren erarbeitet und die daraus resultierenden Auswirkungen in die Angebote eingearbeitet werden. Grundsätzlich soll das Verhandlungsteam auf Seiten des Auftraggebers aus einer Kommission, der auch externe Mitglieder angehören sollten, bestehen.

---

[109] Vgl. Heiermann/ Riedl/ Rusam „Handkommentar zur VOB Teile A und B" Bauverlag 1997

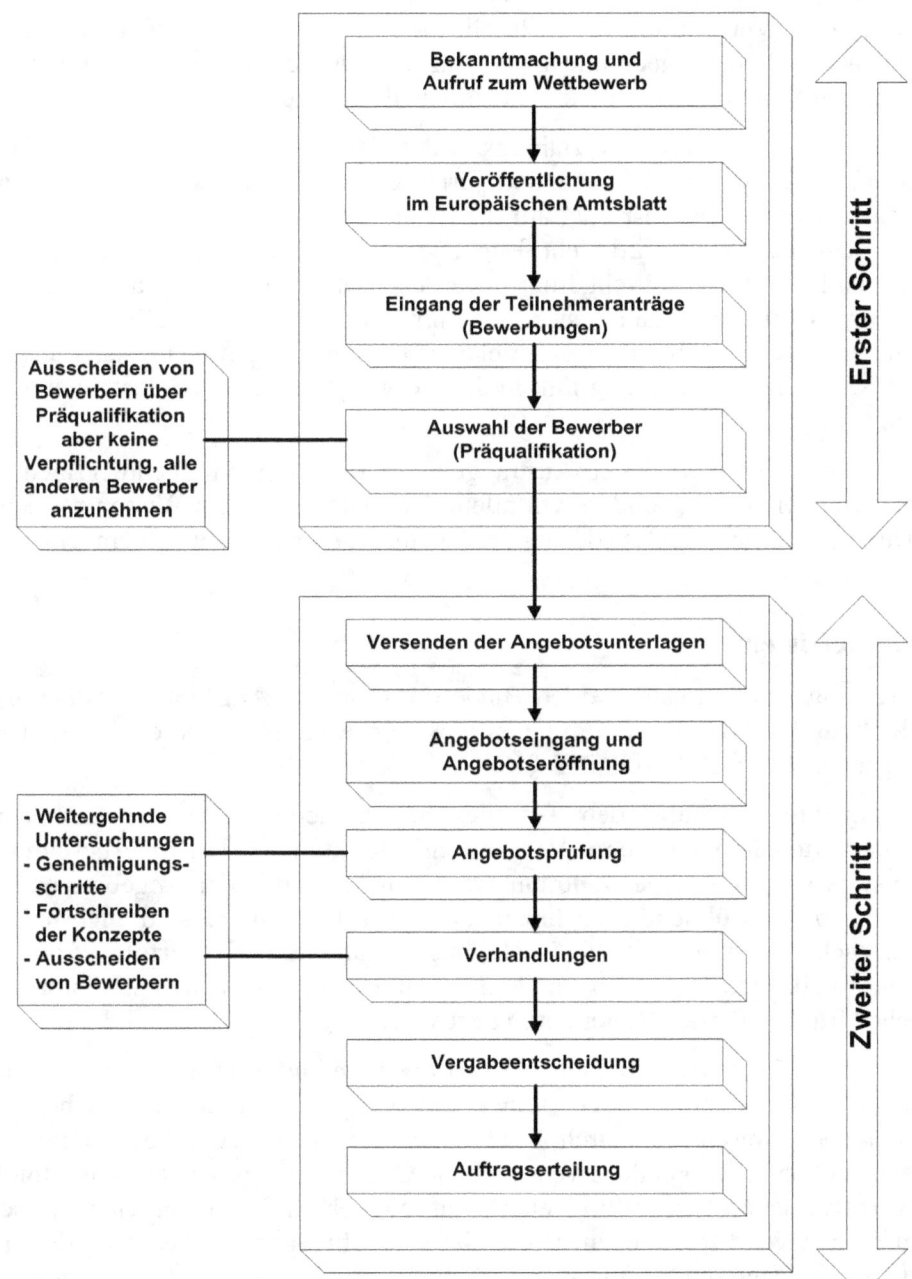

Abbildung 24: Ablauf des Verhandlungsverfahrens

Vor diesen intensiven Angebotsfortschreibungen muß der Bieterkreis auf ein vertretbares Minimum reduziert werden.

Die Ergebnisse dieser Verhandlungen im Hinblick auf Genehmigungsverfahren, weitergehende Untersuchungen etc. fließen wiederum in die einzelnen Angebote ein und werden dann nach eventuell mehreren Verhandlungsstufen letztendlich als gültiges Angebot abgegebenen.

Nach Abschluß des Verhandlungsverfahrens wählt der Auftraggeber unter zu Hilfenahme seiner technischen, bauwirtschaftlichen und juristischen Berater, externen Fachleuten bzw. Gutachtern das beste Angebot in bezug auf die Lösung, die Leistungserbringung, geforderten Qualitäten, Kosten etc. aus. Es wird nicht festgelegt, wann diese Vergabe zu erfolgen hat, oder wieviel Verhandlungsstufen durchgeführt werden. Diese Entscheidungen hängen vom jeweiligen Projekt ab. Sie kann sich bis hin zum Abschluß aller Planungen und Genehmigungen ausdehnen, aber zum Beispiel auch bereits vor dem Planfeststellungsverfahren (PFV) erfolgt sein. Die Entscheidung fällt in dem Moment, in dem der Bestbieter ausgemacht werden kann.

Es sei darauf hingewiesen, daß der Auftraggeber mit dem Auftragnehmer nicht nur über Inhalte, Preise etc. verhandelt, sondern vor allem der Bieter auch sein Wissen und seine Ideen preisgibt. Dieser Umstand muß bedacht werden und verlangt nach einem entsprechenden Ideenschutz.

3.2.2.4 Bindefristen

Der Ausschreibung und Vergabe werden Bindefristen an das Angebot zugrunde gelegt. Die VOB/ A Abschnitt 4 (VOB/ A – SKR) kennt diese nicht, daher entsprechen sie im Formalen den Regelungen der VOB/ A Abschnitt 3 §19.

Diese Regelung wird aus folgendem Grunde übernommen: Wegen der Besonderheit des Verfahrens der Ausschreibung und Vergabe mit funktionale Leistungsbeschreibung mit Konstruktionswettbewerb wird der Zeitraum zwischen Eröffnung der Angebote und Zuschlag an einen Bieter über das übliche Maß hinaus andauern. Im Grunde wird angestrebt, daß die Vergabe erst nach Abschluß des Planfeststellungsverfahrens (PFV) erfolgt. Sollte sie auch vorher bereits vollzogen sein, so sind die damit verbundenen kalkulatorischen und grundsätzlichen Risiken für den Bieter kaum abzusehen.

Die Art und Weise, wie die Bindefristen vereinbart werden und in welcher Form, ist auf Grund der besonderen Methode der Ausschreibung und Vergabe neu und abweichend von den üblichen Vorgehensweisen. Dadurch, daß die einzelnen Angebote unterschiedliche Lösungsansätz und damit verbundene verschiedene Genehmigungsverfahren und folglich auch Dauern hervorrufen, ist es dem Auftraggeber nicht möglich, in der eigentlichen Ausschreibung Bindefristen abschließend festzulegen. Dieses ist vielmehr Sache des Bieters, der sie seinem Angebot zu Grunde legen muß. Weil aber auch dem Unternehmer nicht zuzumuten ist, daß er den Terminplan seines Angebotes mitsamt der Genehmigungsverfahren verläßlich aufstellen kann, müssen die Bindefristen differenziert angegeben und vereinbart werden.

Es wird dabei unter

> Grundsätzlichen Bindefristen an das Angebot und

> Bindefristen an Bestandteile des Angebotes

unterschieden.

Die Dauer zwischen Eröffnung der Angebote und Vergabe kann sich insbesondere dann über einen langen Zeitraum hinwegziehen, wenn erst nach abgeschlossenen Planfeststellungsverfahren (PFV) vergeben wird. Um den Unternehmer vor einer nicht abschätzbaren Bindung seiner Kapazitäten an das Angebot zu schützen, die eventuell sein generelles Interesse an der Teilnahme am Wettbewerb in Frage stellen kann, muß die Bindung an das Angebot im ganzen an der prognostizierten Dauer für die Zeit bis nach dem erfolgten Planfestsellungsverfahren (PFV) gekoppelt werden. Dabei sind zu erwartende Verzögerungen des Verfahrens in vertretbarem Maße zu berücksichtigen.

Bei Abgabe des Angebotes ist weder der Zeitpunkt der Vergabe noch des Ausführungsbeginns bekannt. Eine Bindefrist an das Angebot kann also erst im Zuge des Verhandlungsverfahrens und der voranschreitenden Planung vereinbart werden. Um den Auftraggeber aber davor zu bewahren, daß Bieter bereits während der Verhandlungen ihre Angebote zurückziehen, müssen sie aufgefordert werden, im voraus grundsätzliche Bindefristen anzugeben, die dann im Zuge der voranschreitenden Verhandlungen erweitert werden.

Bindefristen in bezug auf Bestandteile des Angebotes sind insbesondere solche, die sich auf die Preisbildung auswirken und vom Bieter nicht beeinflußbar sind. Sie sind einfacher zu handhaben. Dazu zählen Löhne, Materialpreise etc.. Sie müssen mit Fristen belegt und durch zum Beispiel Preisgleitklauseln auf Dauer vereinbart werden.

Diese Regelung führt zu einer Sicherheit für den Unternehmer in bezug auf die absolute Verbindlichkeit seines Angebots und deren Details. Anderenfalls hätte er dieses Risiko in der Kalkulation zu berücksichtigen, was eventuell zu überhöhten Preisen führen würde. Es liegt folglich im eigentlichen Interesse des Auftraggebers, Bindefristen zu berücksichtigen. Darüber hinaus steht es im Einklang mit den an diese Form der Ausschreibung und Vergabe geknüpften Zielen in bezug auf die Risikoverteilung.

Bindefristen sind grundsätzlich problematisch und müssen kritisch betrachtet werden. Andererseits sind Bieter dieser Problematik auch bei anderen Modellen der Ausschreibung und Vergabe ausgesetzt und wissen damit umzugehen. Man führe sich zum Beispiel BOT – Modelle (Build – Operate – Transfer) vor Augen wie das Projekt Flughafen Athen. Auch bei diesem streckte sich der Zeitpunkt von der Eröffnung der Angebote bis hin zum Vertragsabschluß über eine lange Dauer hin.

3.2.3 Leistungsbeschreibung

3.2.3.1 Grundlagen

Die Leistungsbeschreibung, der eine Funktionalität zu Grunde liegt, ist grundsätzlich programmatisch und wird durch die Anforderungen an das Bauwerk geprägt. In bezug auf existierende Normen oder Gesetze folgen Ausschreibung und Vergabe der VOB/ A Abschnitt 4 (VOB/ A – SKR) § 6[110].

Die Beschreibung der Leistung unterteilt sich in drei maßgebliche Bereiche, die vom Auftraggeber sorgfältig ausgearbeitet werden müssen. Dieses sind:

Die Beschreibung der geforderten Leistung über die Nutzung

Ein Anforderungskatalog an das Angebot in bezug auf die Bieterauswahl

Eine Vorgabe der Aufschlüsselung des Angebotes

Die Beschreibung der geforderten Leistung teilt sich wiederum in unterschiedliche vom Objekt abhängige Gruppen. Diese sind zum einen grundsätzliche Anforderungen, die sich aus der Nutzung und den Randbedingungen derselben ergeben. Zum anderen vom Auftraggeber zur Verfügung zu stellende Vorleistungen, meist in Form von Untersuchungen und Erkundungen, auf denen das Angebot des Bieters basiert und die in den Risikobereich des Auftraggebers fallen.

3.2.3.2 Funktionale Beschreibung der Leistung

Die vom Auftraggeber zur Verfügung gestellten Unterlagen, auf denen die Planung, also das Angebot der Bieter aufbaut, können durch den frühen Zeitpunkt der Ausschreibung nur den bisherigen Stand der auftraggeberseitigen Planung darstellen. Dieser ist äußerst gering, da die Lösung der Aufgabenstellung dem Bieter überlassen bleiben soll. Der Auftraggeber hat nur die Grundlagenermittlung vorgenommen, mit deren Hilfe er die grundsätzlichen Anforderungen an das Bauwerk, die zu erfüllende Aufgabe und die sich dadurch ergebenden nutzungsbedingten Anforderungen bestimmt hat. Darüber hinaus enthalten die Vorgaben in bezug auf die Qualität und einzuhaltende technische Normen, Regeln und Gesetze, das Sicherheitskonzept, den Verlauf, der bereits durch das Raumordnungsverfahren (ROV) in Grenzen vorgegeben ist und eventuell sonstige bisherige planerische Vorgaben.

---

[110] Vgl. hierzu das Kapitel „Die Leistungsbeschreibung nach VOB/ A § 9" des ersten Teils der Arbeit, wobei die Grundsätze der Basisparagraphen übertragen werden können.

3. Teil: Funktionale Leistungsbeschreibung mit Konstruktionswettbewerb

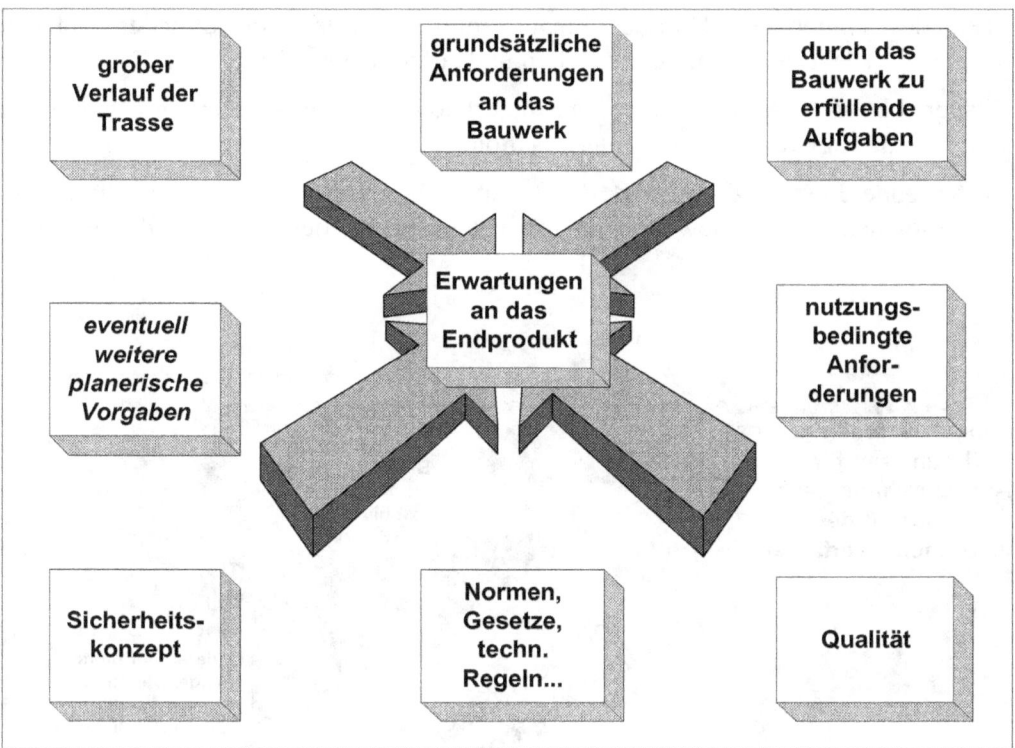

Abbildung 25: Vorgaben des Auftraggebers an das Produkt

Er beschreibt seine Erwartungen an das spätere Endprodukt, hier zum Beispiel an einen Eisenbahntunnel.

Damit muß die zu erfüllende Funktion der Leistung als Ausgangsbasis für das Angebot des Bieters in Form einer Vorplanung ausreichend beschrieben werden. Die Leistungsbeschreibung wird aber teilweise noch Lücken und Mängel aufweisen. Das geforderte Bausoll wird nur unscharf abgegrenzt und keinesfalls in jeder Beziehung eindeutig und vollständig beschrieben.

Dem gegenüber steht, daß die Leistungsbeschreibung nur statthaft sein wird und nicht gegen die Regeln der VOB/ A Abschnitt 4 (VOB/ A – SKR) verstößt, wenn sie vollständig und für alle Bieter gleichermaßen verständlich ist. Ist die VOB/ A in der Konsequenz dann nicht mehr für eine Leistungsbeschreibung in diesem Stadium der Ausschreibung praktikabel?

Es muß in Betracht gezogen werden, daß die VOB/ A bei Beschreibung der Leistung mit Leistungsprogramm den Entwurf unter den Wettbewerb stellen will. Damit ist bereits ausgedrückt, daß die Planung nicht vollständig sein kann, sondern unscharf und mit Lücken. Es geht vielmehr darum, die zu erfüllenden Ziele eindeutig und gleichermaßen verständlich zu beschreiben. Der Bieter erbringt nicht nur Preise für einzelne beschriebene Teilleistungen, er offeriert ein vollständiges Lösungskonzept mit der gesamten dazu nötigen Planung. Diese wird damit Teil des Angebotes. Darüber hinaus muß für alle gleichermaßen verständlich beschrieben sein, wie das Angebot darzustellen und aufzugliedern ist.

Dieser Standpunkt wird von Kapellmann gestützt. Die Kernaussage einer Veröffentlichung zu dieser Problematik fußt auf folgender Interpretation:

> Auftretende Lücken dieser Art der Leistungsbeschreibung und Ausschreibung sind keine solchen, sie sind bewußt offengelassen und vom Bieter zu füllende Lücken[111].

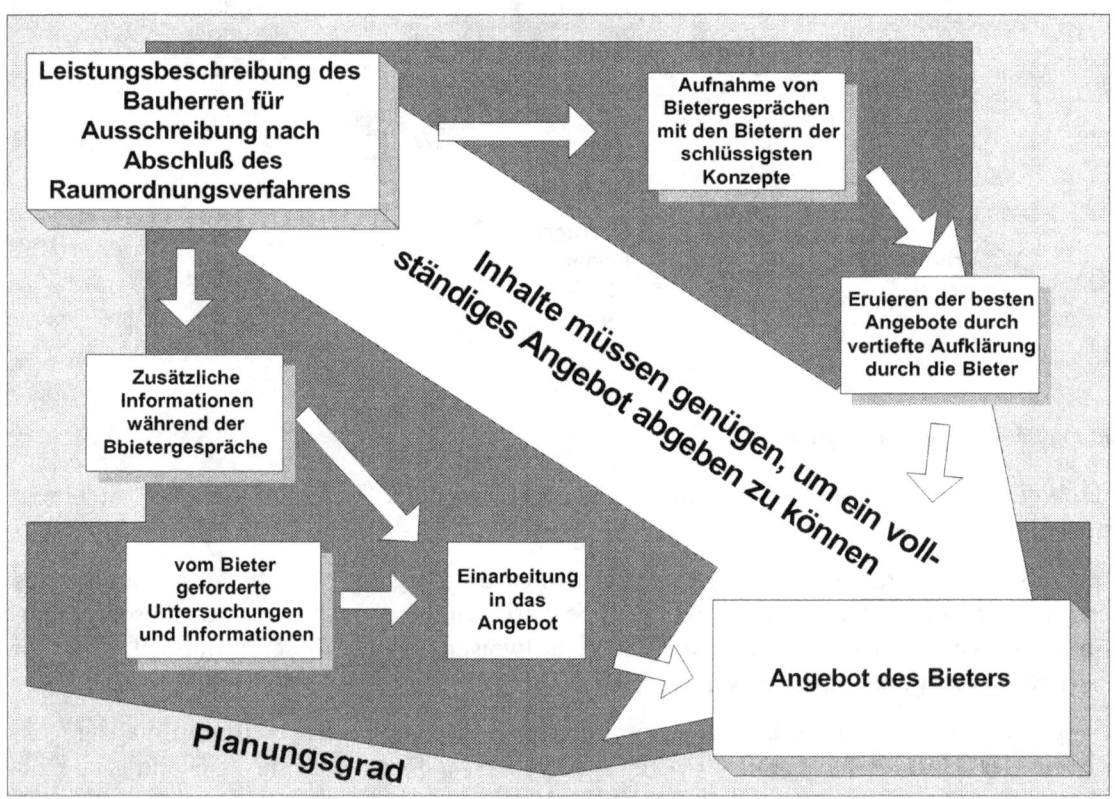

Abbildung 26: Verdichtung der Planung

---

[111] Vgl. Kapellmann/ „Funktionale Leistungsbeschreibung" Baumarkt 2/1998

Die funktionale Leistungsbeschreibung genügt grundsätzlich also den Ansprüchen in bezug au f Vollständigkeit der Leistungsbeschreibung der VOB/ A § 9, wenn die geforderte Leistung eindeutig durch ihre Funktion und den Nutzen beschrieben wird.

Im vorgestellten Verfahren einer funktionalen Leistungsbeschreibung mit Konstruktionswettbewerb und Bieterverhandlungen kommt hinzu, daß die Grundlage des Angebotes die Vorplanung ist. Erst nach erfolgten Bietergesprächen wird diese immer konkreter und die darauf aufbauende Entwurfs- und Ausführungsplanung angepaßt. Mit diesem steigenden Planungsstand, müssen die auftraggeberseitigen Vorgaben, die sich aus den Angeboten ergeben, steigen.

3.2.3.3 Baugrunduntersuchungen

Im Hinblick auf einen Tunnelbau sind der Leistungsbeschreibung das geologische, hydrogeologische und geomechanischen Gutachten beizufügen. Auf diesen basiert der Vorentwurf sowie Entwurf und letztendlich die Ausführungsplanung und Umsetzung der Bauleistung, also das Angebot maßgeblich.

Wie wird mit diesen Gutachten im Rahmen der Ausschreibung verfahren?

Wie detailliert und vollständig kann und muß das B odengutachten sein?

Die Gutachten über den Baugrund dienen im herkömmlichen Sinne für das Aufstellen der Leistungsbeschreibung der Erdarbeiten und ist Aufgabe des Auftraggebers.

Wird aber der Entwurf der Leistung, wie im Modell der funktionalen Leistungsbe schreibung mit Konstruktionswettbewerb, dem Wettbewerb unterstellt, dann resultiert daraus, daß der Auftraggeber den Baugrund nicht mehr beschreibt. Er stellt keinerlei Aussagen über bautechnische Beurteilungen etc. auf.

Es wird die Aufgabe des Bieters, an Hand der zur Verfügung gestellten und noch einzufordernden Bodengutachten und sonstigen Erkundungen die Interpretation vollständig zu übernehmen. Er legt die Ausbruchsklassenverteilung fest, ermittelt und bestimmt alle sonstigen Kennwerte. Der Bieter interpretiert die zur Verfügung gestellten Gutachten und zieht die benötigten Schlüsse in bezug auf Verfahren, Berechnungsmodelle, Nachweisverfahren, Geometrie etc.. Für diese Annehmen muß er in der Konsequenz die Verantwortung übernehmen.

Der Bieter ist also der Objektplaner eines vollständigen Lösungskonzeptes. Es geht nicht um ein Angebot in Form von Einheitspreisen und Gesamtpreis. Die Interpretation des geologischen, hydrogeologischen und felsmechanischen Gutachtens durch den Bieter ist daher grundsätzlich typisch für eine funktionale Leistungsbeschreibung[112].

Im Hinblick auf das kooperativer Verhältnis der Vertragsparteien muß zwar Einigkeit über die Verfahren, wie auch die Anwendbarkeit überhaupt erzielt werden. Das geschieht jedoch im Rahmen der Bietergespräche und durch Nachweisführung des Bieters. Dieser ist der Fachmann und Planer, er unterbreitet und weist seine Lösung dem Auftraggeber nach.

Wegen der besonderen Umstände des Modells können die Bodengutachten nicht umfassend und abschließend zum Zeitpunkt der Ausschreibung erstellt sein. Die funktionale Leistungsbeschreibung mit Ideenwettbewerb läßt bewußt vom Bieter zu füllende Lücken. Ein noch zu erweiterndes Bodengutachten ist allerdings grundsätzlich keine solche beabsichtigte Lücke.

Der Grund liegt vielmehr darin, daß verschiedene Lösungskonzepte in bezug auf das Vortriebsverfahren, unterschiedlich eingehende Untersuchungen bestimmter bodenpysikalischer und bodenmechanischer Grundlagen verlangen. Selbst für Bieter, die auf ein und dasselbe Verfahren setzen, können verschiedene Baugrunduntersuchungen interessant sein, werden Möglichkeiten durch den Spielraum der Trasse, den das Raumordnungsverfahren (ROV) offen läßt, unterschiedlich ausgenutzt.

Die Unterlagen des Auftraggebers über die Geologie, die Hydrogeologie und die Felsmechanik müssen aus diesem Grunde für das vorgestellte Modell der funktionalen Leistungsbeschreibung mit Konstruktionswettbewerb anfangs lediglich so genau sein, wie es eine Vorplanung der Leistung erfordert. Zumindest muß eine Kalkulation mit Richtwerten oder Grobelementen aufgestellt werden können, sowie die grundsätzliche Bauausführung im Hinblick auf Ablauf und Verfahren. Die Aussage der bodenmechanischen und bodenpysikalischen Untersuchungen müssen mindestens so aufschlußreich sein, daß es den Bietern möglich ist, verschiedene Bauverfahren und Linienführungen gegeneinander abzuwägen.

Gleichzeitig geben die Bieter die für ihre Lösung benötigten eingehenderen Untersuchungen an, die sie einfordern, um ihr Angebot zu konkretisieren. Aussagekräftigere Untersuchungen und Erkundungen werden also nach der ersten Stufe der Bietergespräche in Auftrag gegeben bzw. auch noch später folgen.

Mit der Planfeststellung liegt der genaue Verlauf der Tunneltrasse spätestens fest. In diesem Moment können also für die verbliebenen Angebote die noch zu erbringenden geologischen, hydrogeologischen und felsmechanischen Untersuchungen zum Abschluß gebracht werden.

Der Baugrund ist darüber hinaus die eigentliche Bedingung, daß das Raumordnungsverfahren (ROV) vor der Ausschreibung abgeschlossen sein muß. Die Bieter können nur dann ein Angebot abgeben und einen Lösungsvorschlag der Bauverfahren etc., wenn ihnen die Informationen über diesen zur Verfügung stehen.

---

[112] Vgl. Kapellmann „Funktionale Leistungsbeschreibung" Baumarkt 2/1998

Verläuft eine Trasse von A nach B, so ist es praktisch unmöglich, Baugrunduntersuchungen zur Verfügung zu stellen. Damit verbundene Kosten können nur getragen werden, wenn der Verlauf der Trasse in einem den geologischen und sonstigen Untersuchungen vertretbaren Maße entspricht.

Wäre das Raumordnungsverfahren (ROV) nicht abgeschlossen, so hätten die Bieter zwar die Freiheit der Wahl der Trasse, könnten aber erst ein Angebot nach eingehenden Bodenuntersuchungen machen. Dieses wäre von Unternehmern im Rahmen eines Angebotes nicht zu tragen, für den Auftraggeber bei verschiedenen Varianten ein kostspieliges Unterfangen.

Diese Bedingung widerspricht der diesem Modell zu Grunde gelegten Freiheit des Vorentwurfs. Die Einschränkungen fallen aber aus zweierlei Gründen eher gering aus.

> Zum einen, weil es dem Bieter theoretisch erlaubt sein soll, vom vorgeschriebenen Verlauf der Trasse, trotz abgeschlossenem Raumordnungsverfahren (ROV), abzuweichen.

> Zum anderen verbleibt auf Grund der Plangenauigkeit des Raumordnungsverfahrens (ROV) ein erheblicher Spielraum.

Der erste Punkt wird der Ausnahmefall sein und ist in bezug auf das Verfahren problematisch. Seine Umsetzung bedarf intensiver, von einem Ingenieur nicht zu bewerkstelligende juristischer Kenntnisse, ist aber grundsätzlich denkbar. Er soll daher nicht weiter in Betracht gezogen werden. Er ist deshalb auch nur von geringer Bedeutung, weil der Auftraggeber bei seiner Wahl der Trasse alle relevanten Umstände in Betracht gezogen und seinen Entschluß eingehend geprüft hat. Es ist weitaus wahrscheinlicher, daß die Bieter den durch das Raumordnungsverfahren (ROV) verbleibenden großzügigen Spielraum der Trassenführung ausnutzen und sich auf die Bauverfahren konzentrieren[113]. Darin liegt der ausschlaggebende Punkt des Modells und der Bedingungen, die an die Bodengutachten geknüpft sind.

3.2.4 Anforderungskatalog und Aufschlüsselung des Angebotes

Neben den beschreibenden Elementen der funktionalen Leistungsbeschreibung mit Konstruktionswettbewerb müssen in der Ausschreibung, mit Blick auf die spätere Bieterauswahl, die besonderen Umstände, die sich aus der Beschreibung über den Nutzen ergeben, bedacht werden. Der Auftraggeber muß die verschiedenen Angebote auf Grund des

---

[113] Die geringe Plangenauigkeit erlaubt sowohl Abweichungen in der Horizontalen um bis zu 50 m je Seite als auch in der Vertikalen. Das Bodengutachten wird diesen Spielraum ebenfalls in Betracht ziehen, bzw. es können im Falle der Notwendigkeit vertiefte Untersuchungen vorgenommen werden.

geringen und unsicheren Planungs- und Genehmigungsstandes unter dem Gesichtspunkt der Fortschreibung während des Verhandlungsverfahrens bestmöglich vergleichen können[114].

Die Bieter benötigen grundsätzlich Informationen, um das Wertungsverfahren eindeutig und unmißverständlich zu verstehen.

Dazu ist es notwendig, daß der Auftraggeber die folgende Aufschlüsselung seiner Wertungskriterien der Ausschreibung zu Grunde legt.

Es bedarf:

>   Einer eindeutigen, und für alle Bieter gleichermaßen verständlichen Darstellung der Hierarchie der Anforderungen aus der Leistungsbeschreibung an das Produkt

>   Einer diesbezüglichen Aufschlüsselung der Bewertungsmaßstäbe und der Wertungsverhältnisse der einzelnen Kriterien untereinander

>   Regelungen, wie bei Überbieten aber auch bei Unterbieten dieser Anforderungen gewertet wird

Aus der Leistungsbeschreibung gehen die Anforderungen an das Produkt hervor, jedoch noch keine eindeutige Rangfolge unter diesen. Um einen Vergleich unter den Angeboten aufstellen zu können, muß der Auftraggeber Festlegungen getroffen haben, an denen er mißt. Dieses bedingt eine Hierarchie der Anforderungen an das Produkt, die der Ausschreibung explizit zu Grunde gelegt wird.

Ist dem Auftraggeber zum Beispiel die Lebensdauer wichtiger als der Preis? Ist er also bereit, zehn Jahre längere Nutzung für einen überproportionalen Anstieg der Kosten zu finanzieren? Was ist gewichtiger: Unterhaltungskosten oder Qualitätsstandard? Kann der Auftraggeber bessere Materialien finanzieren oder dauerhaft einen höheren Anteil an Unterhaltungskosten aufbringen?

Inwieweit die Möglichkeit besteht, daß Gruppen von Anforderungen andere übergeordnete Anforderungen überbieten können, ist ebenfalls darzustellen. Ebenso die Gewichtung der Bewertung. Liegen gewisse Anforderungen in ihrem Rang eng beieinander oder gibt es eindeutige Ausschlußkriterien. Insofern ist es eventuell sinnvoll, ein Punktesystem für alle Kriterien oder auch nur innerhalb bestimmter Gruppen einzuführen, welches dann eine zu erfüllende Summe ergibt.

Die Hierarchie der einzelnen Anforderungen kann nur aufgestellt werden, wenn sich der Auftraggeber über die Nutzung und daraus sich ergebenden Bedingungen vor der Ausschreibung im klaren ist. Da er aber nicht alle denkbaren Lösungen durchgehen kann, sondern dieses die Sache der Angebote der Bieter ist, können sich nach Angebotsprüfung durchaus noch Verschiebungen seiner Prioritäten ergeben.

---

[114] Die VOB/ A fordert, daß die Beschreibung der Leistung so eindeutig sein muß, daß sie von allen Bietern gleichermaßen verstanden werden kann und keinem durch sie ein Wettbewerbsnachteil erwächst.

Die Wertungskriterien und die Hierarchie dürfen nicht bis ins kleinste Detail gehen. Diese Bedingung geht aus dem Umstand hervor, daß der Bieter mit der Planung erst die umfassende Lösung anbietet. Dabei können sich unter Umständen andere Aspekte ergeben, als zum Zeitpunkt der Ausschreibung, die erst mit voranschreitender Planung oder einem bestimmten Konzept auftreten. Derartige Möglichkeiten von Veränderungen und Unbekannte müssen beim Aufstellen der Rangfolgen in Betracht gezogen werden. Die Wertungskriterien haben daher eine gewisse und vertretbare Flexibilität zu erfüllen.

Wenn Angebote die geforderten Anforderungen überbieten oder nicht zur Gänze erfüllen, muß aus der Ausschreibung hervorgehen, wie der Auftraggeber zu werten gedenkt. Ob durch Übertreffen überhaupt ein besseres Angebot entsteht oder eine uninteressante Mehrleistung, muß grundsätzlich geklärt werden. Inwieweit ein Überbieten der gestellten Anforderungen sich auf das Verhältnis im Rang zu anderen auswirkt, ist ein weiterer Punkt.

In dem Fall, daß der Bieter bestimmte Kriterien im geforderten Maße nicht erfüllt, muß klargestellt sein, ob der Auftraggeber überhaupt ein Abweichen zuläßt. Kommt dieses für ihn in Frage, ist festzustellen, ob dadurch die grundsätzlichen Anforderungen noch ausreichend erfüllt werden. Dafür erbringt der Bieter den Nachweis. Ein Unternehmer glaubt zum Beispiel, daß er durch Abstriche in der Qualität ein weitaus günstigeres Angebot abgeben kann, ohne damit den eigentlichen Nutzen in Frage zu stellen. Statt einer wasserdichten Schale des Tunnels, bietet er eine Auskleidung an, bei der Tropfwasser auftritt. Durch ein Dränagesystem kann er aber dafür Sorge leisten, daß dieses Bergwasser keine Beeinträchtigung bedeutet.

Eine Hierarchie und Aufschlüsselung der Angebote allein genügen aber nicht, um den Bedürfnissen des Auftraggebers gerecht zu werden, und um die Forderungen der VOB/ A in bezug auf Eindeutigkeit der Leistungsbeschreibung zu erfüllen.

Wenn die Bieter ihre Angebote unterschiedlich aufschlüsseln, weil ihnen keine Vorgaben gemacht worden sind, werden die formulierten Ziele nicht erfüllt.

Folglich gibt der Auftraggeber die Art und Weise der Darstellung des Angebotes vor, indem er

> Ein Nachweisverfahren des Erfüllens der gestellten Anforderungen und

> Eine für alle Bieter gleichermaßen verständliche Vorgabe der Aufschlüsselung des Angebotes

festlegt.

Nur so kann gewährleistet werden, daß die Angebote nach einem einheitlichen Maßstab verglichen und letztendlich gewertet werden können.

Es geht um eine Darstellung des Angebotes aus technischer und verfahrenstechnischer Sicht und der der Preisbildung. Es müssen alle notwendigen Verfahren der Nachweisführung, wie zum Beispiel statische Berechnungen, erforderliche Gutachten etc. bekannt gegeben werden.

Wodurch wird dieses Vorgehen außer wegen des fairen Wettbewerbes begründet?

3. Teil: Funktionale Leistungsbeschreibung mit Konstruktionswettbewerb

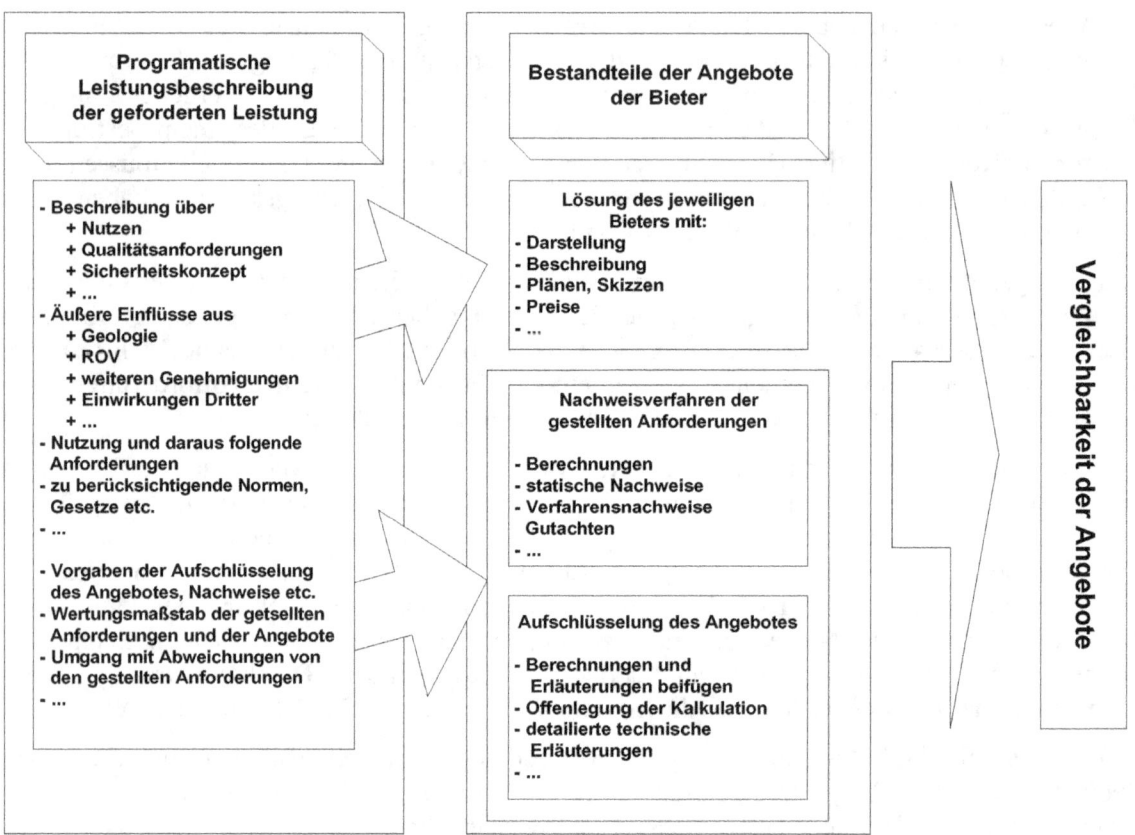

Abbildung 27: Anforderungskatalog und Nachweisverfahren

Wenn die Leistung nicht abschließend und eindeutig insofern beschrieben wird, daß der Bieter darauf ein Angebot abgeben kann, welches das geforderte Soll erfüllt, so trägt der Auftraggeber unter Umständen dafür die Verantwortung. Hieraus kann ein Mehrkostenrisiko des Auftraggebers erwachsen.

Legt der Bieter seinem Angebot zum Beispiel ein bestimmtes Nachweisverfahren für die Sicherung des Tunnels zu Grunde, das auf den allgemein anerkannten Regeln der Technik, wie in den DIN – Normen beschrieben beruht, der Auftraggeber aber eine nicht angegebene Sondervorschrift[115] erfüllen muß, entsteht ein solcher Konfliktpunkt. Hat es der Auftraggeber versäumt, der Beschreibung die maßgebliche Regelung hinzuzufügen, konnte der Bieter von den allgemein anerkannten Regeln der Technik ausgehen. Es handelt sich dann um eine gesondert zu vergütende Mehrleistung.

---

[115] Im Falle der DB AG zum Beispiel eine Vorschrift des Eisenbahnbundsamtes (EBA).

Das Wie der Aufschlüsselung des Angebotes ist gleichermaßen festzulegen. Für welche Bauteile oder Verfahren müssen welche Nachweise in welcher Form aufgestellt werden? Reicht es aus, die Berechnung eines Nachweises dem Angebot beizugeben, oder müssen die dafür zu Grunde gelegten Ausgangswerte stichhaltig als richtig bewiesen werden?

Im Hinblick auf diese Frage sind drei Punkte zu beachten:

> Zum einen geht es darum, nachzuprüfen, ob der Bieter die vorgeschlagene Lösung auch umsetzen kann.

> Zum anderen müssen die mit dem Angebot in Verbindung stehenden Risiken ausgemacht werden, um in die Bewertung mit einzugehen.

> Der Auftraggeber muß abschätzen können, welche Voraussetzungen der Bieter an sein Angebot geknüpft hat. Geht er von einer optimalen Prognose des Gebirges aus, oder ist sein Verfahren auch unter schlechteren Umständen noch umsetzbar? Abgesehen von der Risikoverteilung ist dieses wichtig für ihn, da er an einem reibungslosen Ablauf der Umsetzung der Baumaßnahme unter Umständen eher interessiert ist als an ein em niedrigeren Angebotspreis.

Die Aufschlüsselung bezieht sich auch auf den Angebotspreis an sich. Dazu ist es wichtig, daß die Kalkulation des Bieters dem Auftraggeber bis in die Details im Angebot offengelegt wird. Der Bieter hat nicht nur einen Preis an zugeben, sondern auch darzulegen, wie er zu diesem gelangt. Leistungsansätze, Material- Lohn- und Gerätepreise, Zuschläge jeder Art, Wagnis, Gewinn etc. müssen erkennbar sein.

Für Materialien, Löhne, Geräte und dergleichen werden Preisgleitungsklauseln ver einbart bzw. Bindefristen an diesbezügliche Angaben im Angebot, die variable und über die Zeit veränderliche Kosten berücksichtigen.

Der Auftraggeber hat die Möglichkeit, die Ansätze der verschiedenen Bieter zu vergleichen. Wir bewegen uns auf diese Weise weg von einem reinen Preisvergleich und hin zu einem Leistungsvergleich.

3. Teil: Funktionale Leistungsbeschreibung mit Konstruktionswettbewerb

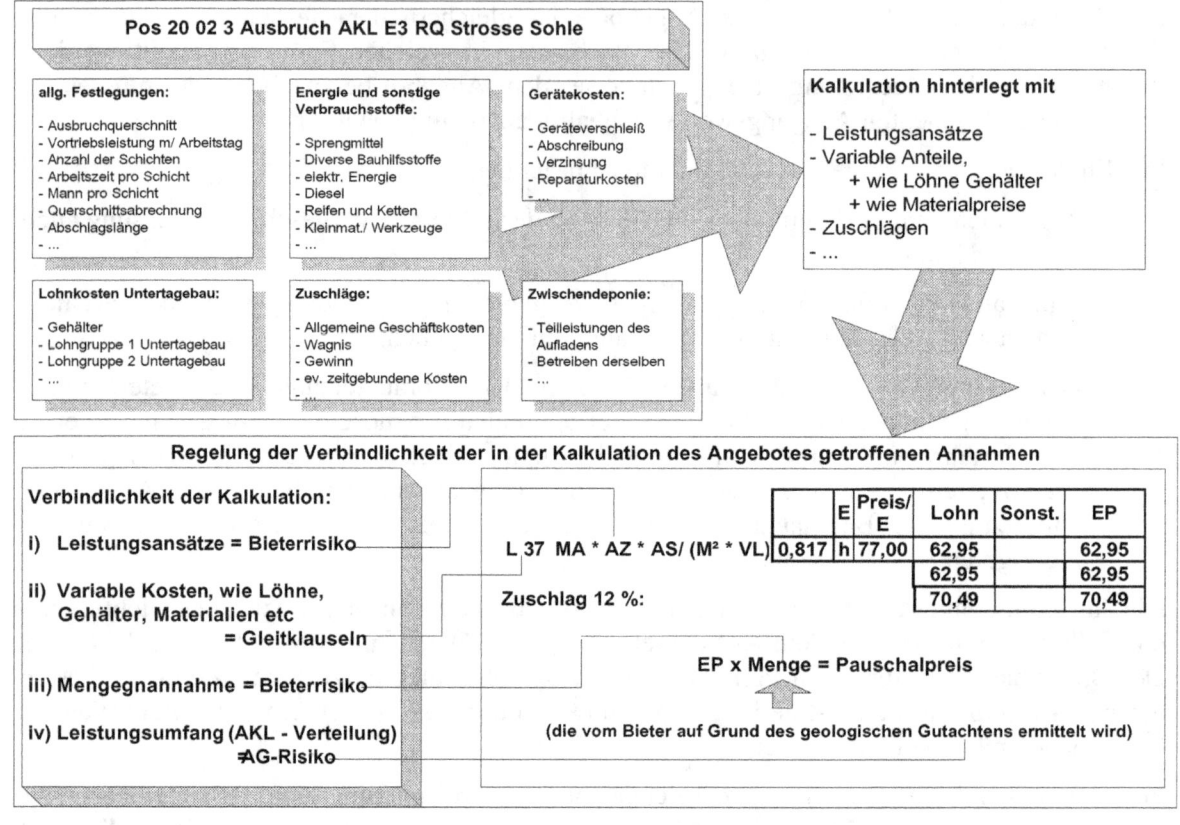

Abbildung 28: "Open Books" und kalkulatorische Risikoverteilung

Damit wird die Aussage der Kalkulation und der darauf basierenden Preise grundsätzlich unabhängig vom Zeitpunkt der Ausführung. Zum anderen sind die Annahmen der Leistungsansätze bekannt. Der Auftraggeber vergleicht diese untereinander, die verschiedenen Einflußfaktoren auf die Kalkulation des Angebotes können getrennt bewertet werden.

Das Verfahren einer offengelegten Kalkulation, also sogenannte "Open Books", läßt ein vertragliches Vereinbaren der Kalkulationsansätze zu. Es können diese wie auch Preise an sich, bis zu vereinbarten Terminen festgeschrieben werden.

Nur so kann erreicht werden, daß der Bieter sein fortgeschriebenes Angebot im Zeitraum zwischen Eröffnung der Angebote und Vergabe an den ursprünglichen Zusagen orientiert. Das Risiko der eigentlichen Kalkulation, nämlich der Annahmen der Leistungen, verbleibt beim Bieter, das der veränderlichen Kosten durch äußere Einflüsse trägt der Auftraggeber. Dieses ist ein zentraler Punkt der funktionalen Leistungsbeschreibung mit Konstruktionswettbewerb wegen der erwähnten Fortschreibung des Angebotes und der Planung während des Verhandlungsverfahrens.

3.2.5 Wertung der Angebote und Bieterauswahl

Die Bieterauswahl ergibt sich aus den besonderen Umständen der Ausschreibung. Sie beginnt mit dem Ausscheiden von Angeboten nach der Submission, kann in der Regel während aller Stufen der Verhandlungen vorangetrieben werden und wird letztendlich in dem Moment, in welchem der Bestbieter ausgemacht werden kann abgeschlossen. Ein fixer Termin der Vergabe oder Zeitpunkt im Ablauf des Verhandlungsverfahrens ist nicht vorgesehen. Er hängt maßgeblich von den Umständen des Projektes ab, den eingegangenen Angeboten und den Einflüssen aus Weiterschreibung und Vorankommen der Planung und Genehmigungen.

Im Hinblick auf die Wertung der Angebote, die letztendlich zur Bieterauswahl führt, hält sich der Auftraggeber an die von ihm gemachten Vorgaben und deren Hierarchie. Ein Abweichen von diesen ist unzulässig und kann unter Umständen zu einer berechtigten Anfechtung der Vergabe führen.

Neben den projektspezifischen Vorgaben lassen sich die Wertungskriterien allgemein der folgenden Rangfolge entsprechend anführen:

- Die Möglichkeit der grundsätzlichen Realisierung
- Das Erfüllen der in der Ausschreibung gestellten Anforderungen an den Bieter und an die Leistung
- Das Erfüllen der in den Ausschreibungsunterlagen gestellten Anforderungen in bezug auf die Aufschlüsselung und das Darstellen des Angebotes
- Die Möglichkeiten der Umsetzbarkeit, insbesondere auch der Dauer derselben, in bezug auf die Genehmigungsverfahren
- Das angebotene Gesamtkonzept und die sich ergebende Fortschreibung des Konzeptes im Zuge der weiteren Planung und Genehmigung
- Die mit dem Angebot auftretenden Risiken
- Die Preise des Angebotes

Für den Fall, daß ein Angebot einen dieser Punkte bei Angebotseröffnung nicht erfüllt, muß dieses nicht grundsätzlich zu einem Ausscheiden führen, sondern kann in den Verhandlungen geklärt werden.

Der Vorteil des Verfahrens ist darin zu sehen, daß die Bieter auch noch nach der Submission die Möglichkeit erhalten können, ihre Konzepte weiter auszuarbeiten oder Fehlendes zu ergänzen. Entspricht das Angebot den Vorstellungen des Auftraggeber und beabsichtigt er, dieses weiterhin in die engere Auswahl zu ziehen, so kann er vom Bieter verlangen, daß dieser Punkte, die nicht seinem Interesse entsprechen oder in anderen Lösungen vorteilhafter angeboten werden, überarbeitet.

3. Teil: Funktionale Leistungsbeschreibung mit Konstruktionswettbewerb

Zum Schutz anderer Bieter darf der Auftraggeber jedoch nicht Bestandteile von Konzepten anderer Lösungen vorschreiben. Er muß sich an den in der VOB/ A zugrunde gelegten Bieterschutz halten. Es geht vielmehr darum, daß über Modalitäten verhandelt wird. Die zugrunde gelegten Risiken, die aus den Annahmen des Gebirges auf das Verfahren und sich insbesondere die Preise auswirken, entsprechen zum Beispiel nicht den Erwartungen des Auftraggeber. Er fordert daher den Bieter auf, eine erneute Analyse der Risiken vorzunehmen, einen ungünstigeren Fall in Betracht zu ziehen und diesen auch zu kalkulieren. Auf diese Art und Weise erhält der Auftraggeber die Möglichkeit des besseren Abwägens verschiedener Lösungen untereinander.

Durch die Kombination von Anforderungen an das Angebot, Aufschlüsselung desselben und daran anschließenden Verhandlungen über den gesamten Inhalt wird ermöglicht, daß der Auftraggeber den Bestbieter, durch maximales Wissen über die Details und Einflüsse auf das Angebot eruieren kann.

Das verfolgte Ziel ist die konsequente Umsetzung des Gedankens der Vergabe an den Bestbieter unter Einbeziehung des gesamten Angebotes, wie ihn die VOB/ A zum Ziel hat. Dieser ist eben nicht automatisch mit dem Billigstbieter gleichzusetzen.

Neben den üblichen Kriterien des Preises, der Verfahren und einiger weniger Kalkulations - und Angebotsgrundlagen, erhält der Auftraggeber durch dieses Vorgehen ein nahezu gläsernes Angebot. Dadurch, daß Risiken und Annahmen bekannt sind, kann weit aus besser bewertet werden.

Die Ausschreibung und Vergabe mit funktionaler Leistungsbeschreibung im Verhandlungsverfahren hat bei bereits im Bau befindlichen Projekten häufig zu Problemen in bezug auf den Umgang mit den Bietern und die Gleichbehandlung geführt. Grundlage des Konzeptes ist jedoch ein partnerschaftliches Verhältnis zwischen den Projektbeteiligten und das Herbeiführen eines ausgeglichenen vertraglichen Verhältnisses. Preisdumping, gegeneinander Ausspielen der Unternehmer und Risikoverlagerung widerlaufend den an die Form der Ausschreibung gebundenen Zielen. Um derartige Umstände von Beginn an auszuklammern und einen fairen Wettbewerbs zu ermöglichen, der auch als solcher von den Beteiligten empfunden wird, ist es sinnvoll, unabhängige dritte in das Verfahren einzubeziehen.

Bereits zum Zeitpunkt der Festlegung der Ausschreibungsunterlagen, bis hin zur Vergabe, wird eine unabhängige Stelle zu Hilfe gezogen, die den Wettbewerb kontrolliert und überwacht. Dieser Dritte wirkt mit, wenn der Auftraggeber die Vergabekriterien festlegt und gewichtet. Er ist bei der Eröffnung der Angebote zugegen und kontrolliert das Vorgehen. Später begleitet er alle Bieterverhandlungen. Sein Aufgabenbereich umfaßt die Dokumentation des Geschehens. Er bewertet das Vorgehen und muß die Macht haben, einzugreifen. Der Auftraggeber trennt sich durch diesen außerparteilichen dritten nicht von seinen Befugnissen, vielmehr beugt er somit anfechtbaren Verfehlungen vor.

Dieser Punkt ist deshalb auch von besonderer Bedeutung, weil zum einen durch den mit der funktionalen Leistungsbeschreibung mit Konstruktionswettbewerb beschrittenen Weg noch immer oft eine Unsicherheit seitens der Bieter auftritt und geringe Erfahrung beim Auftraggeber vorhanden sind. Zum anderen, weil die Regelungen in bezug auf die Ausschreibung und Vergabe nach VOB/ A Abschnitt 4 (VOB/ A – SKR) noch immer nicht hinlänglich im Umgang bei allen Baubeteiligten bekannt sind und sie gegebenenfalls spezieller Fachleute in der Interpretation bedürfen.

3.2.6 Kosten der Ausschreibung

Eine Ausschreibung mit funktionaler Leistungsbeschreibung führt im Vergleich zu Ausschreibungen mit Leistungsbeschreibung mit Leistungsverzeichnis unweigerlich zu erhöhten Kosten der Angebotsbearbeitung. Je mehr die Freiheitsgrade in bezug auf die Lösung der Aufgabenstellung wachsen, desto mehr steigen auch die Kosten der Angebotsbearbeitung. Insofern ist das vorgestellte Konzept für den Bieter die aufwendigste Variante der funktionalen Ausschreibung.

Um die Frage zu beantworten, wie mit diesen Kosten umgegangen werden soll, sind zwei kontroverse Argumente zu berücksichtigen:

> Zum einen steht es grundsätzlich nicht im Interesse des Auftraggeber, mit der Ausschreibung mit funktionaler Leistungsbeschreibung mit Konstruktionswettbewerb Mehrkosten gegenüber herkömmlichen Methoden entstehen zu lassen. Funktionale Leistungsbeschreibung steht im unmittelbaren Zusammenhang mit Outsourcing eigener Kapazitäten und Kostenreduzierung. Die damit gesparten Gelder an anderer Stelle wieder zu verbrauchen, erscheint auf den ersten Blick widersprüchlich.

> Zum anderen ist es jedoch nicht uneingeschränkt zuzumuten, daß die Bieter diese Kosten zu tragen haben. Insbesondere dann, wenn sie den Zuschlag nicht erhalten und somit keine Möglichkeit haben, sie über den Erlös wieder einzunehmen.

Grundsätzlich muß auch die Frage gestellt werden, ob es volkswirtschaftlich sinnvoll ist, mehrfach Kapazitäten in ein und dieselbe Entwicklung zu investieren, um auf das gleiche Ergebnis zu kommen.

Die Interpretation des BGB läßt die Ansicht zu, daß es nicht statthaft ist, daß der Bieter die Kosten, die zum Abschluß des Werkvertrages führen, in Rechnung stellen kann, es sei denn davon sind Leistungen betroffen, die nicht mehr nur die reine Bearbeitung des Angebotes betreffen[116]. Entgegen der VOB Abschnitt 1 bis 3 findet sich in den Paragraphen der VOB/ A Abschnitt 4 (VOB – SKR) keine Vergütungsregelung für derartige Leistungen.

---

[116] Die diesbezüglichen gesetzlichen und normativen Regelungen wurden im ersten Teil der Arbeit behandelt.

3. Teil: Funktionale Leistungsbeschreibung mit Konstruktionswettbewerb

Kennt auch die der Ausschreibung zu Grunde gelegte VOB/ A Abschnitt 4 (VOB/ A – SKR) keine explizite Regelung der Vergütung von Bearbeitungskosten des Angebotes, so ist diese doch grundsätzlich vorgesehen.

Diese Vorschlag wird unter folgender Überlegung getroffen:

> In Auslegung des Werkvertragsrechts kann eine Vergütung gerechtfertigt sein. Sie würde zu einem ausgewogenen Auftraggeber - Bieter Verhältnis beitragen.

> Im Hinblick auf den uneingeschränkten Wettbewerb ermöglicht sie auch weniger finanziell potenten Bietern, ein Angebot abzugeben.

Darüber hinaus darf die funktionale Leistungsbeschreibung nicht nur unter dem Aspekt der Kostensenkung gesehen werden. Vielmehr geht es um die optimale Lösung und der Aktivierung größtmöglichen Fachwissens. Das beste Angebot und in diesem Sinne auch das größte Einsparungspotential, ergibt sich aus dem optimalen Konzept als technisch beste, funktionsgerechteste und wirtschaftlichste Lösung. Kosten können vor allen Dingen durch überdachte Planung und späteren reduzierten Unterhaltskosten des Bauwerkes eingespart werden. Mehrausgaben in der Angebotsphase können sich unter diesem Gesichtspunkt schnell bezahlt machen. Der Aspekt der Kostenminimierung in der Planung ist daher nur vordergründig positiv zu bewerten und soll im vorgeschlagenen Modell von untergeordneter Rolle sein.

Die konkrete Form der Vergütung und deren Höhe ist vom jeweiligen Projekt und den Begleitumständen abhängig. Der prinzipiell einzuschlagende Weg wird im folgenden dargestellt. Grundsätzlich soll zwischen

> Üblichen Leistungen einer Angebotsbearbeitung und

> Darüber hinausgehende Leistungen

unterschieden werden.

Für üblichen Leistungen einer Angebotsbearbeitung ist keine Vergütung vorgesehen. Sie werden im weiteren nicht mehr behandelt, bzw. fallen nicht unter die im folgenden gemachten Vorgehensweise. Darüber hinausgehende Leistungen entstehen Bietern, von Stufe zu Stufe der Verhandlungen, in steigendem Maße.

In diesem Zusammenhang hat der Auftraggeber den Schlüssel der Vergütung der Angebote bereits der Ausschreibung beizustellen.

Zu Beginn der Ausschreibung mit funktionaler Leistungsbeschreibung mit Konstruktionswettbewerb steht der öffentliche Aufruf zum Wettbewerb und das daran anschließende Präqualifikationsverfahren. Die in dieser Stufe anfallenden Aufwände für die Bearbeitung des Angebotes sind als geringfügig anzusehen und sollen daher nicht vergütet werden. Es entstehen den interessierten Bietern weder Kosten, die über die übliche

Angebotsbearbeitung im Sinne der VOB/ A Abschnitt 1 hinausgehen, noch ist dem Auftraggeber eine Vergütung zuzumuten.

Anschließend erfolgt die eigentliche Ausschreibung der Bauleistung unter den verbliebenen präqualifizierten Bietern und die Angebotseröffnung. Für diese Angebotsbearbeitung sind seitens der Bieter umfangreiche Planungsleistungen, welche über das übliche Maß hinausgehen, vonnöten. Es verbleiben nur die besten Angebote im Auswahlverfahren, alle anderen scheiden aus.

Die bis dahin entstandenen Kosten des Vorentwurfs der Leistung können unter Umständen nicht von allen Bietern getragen werden. Die Vergütung dieser Leistungen darf aber keinesfalls dem tatsächlichen Aufwand entsprechen, um das Interesse an Kostenreduzierung nicht obsolet zu machen. Es kann sich nicht um eine Erstattung der Selbstkosten handeln, sondern lediglich um eine pauschalierte Summe. Diese deckt nicht die volle Höhe der Kosten der Angebotsbearbeitung ab und muß je nach Aufwand variiert werden.

Im Sinne der Vergütung ist es sinnvoll, wenn die Bieter ihre bisherigen Kosten gesondert kalkulieren und nachweisen und dem Auftraggeber offenlegen. Wie dieses zu erfolgen hat, muß bereits bei der Ausschreibung bekannt sein. Um Spekulationen vorzubeugen, setzt sich die gezahlte Pauschale aus zwei Faktoren zusammen:

> Der erste Faktor berücksichtigt den Mittelwert der Bearbeitungskosten aller eingegangenen Angebote
>
> Der zweite Faktor berücksichtigt die Intensität, die in das einzelne Angebot gesteckt wurde

Um die Intensität zu honorieren, wird im Grunde nach dem Prinzip des Selbstkostenerstattungsvertrages vorgegangen. Der Bieter gibt die Kosten der Angebotsbearbeitung detailliert an. Auch von diesen werden wieder pauschale Abschläge vorgenommen. Über das Verhältnis des jeweiligen angebotsspezifischen Aufwandes zum Mittelwert ergibt sich der zweite Faktor. Dadurch werden besonders aufwendige Lösungen davor geschützt, ein finanzielles Loch beim Anbieter aufzureißen und ausgefallenen aufwendige Angebote in Zukunft nicht mehr in Betracht kommen zu lassen.

Die Berücksichtigung weiterer projektspezifischer Umstände ist denkbar.

Die verbliebenen Bieter erhalten an dieser Stelle keine Vergütung für ihre Angebote.

Im weiteren Verlauf der Vergabe wird das Angebot stetig ausgearbeitet, verbessert und ergänzt. Hinzu kommt, daß der Bieter vertiefte Untersuchungen etc. in Auftrag geben muß, um den Forderungen des Auftraggebers in bezug auf Aufklärung des Angebotes und steigendem Verbindlichkeitsgrad der Preise zu entsprechen. Aus diesem Grunde soll die Vergütung der bisher erbrachten, über das übliche Maß hinausgehenden Leistungen sich nahezu an den tatsächlich entstandenen Kosten orientieren. Gestützt wird diese Forderung dadurch, d aß die verbliebenen Bieter ein verstärktes Interesse am Wettbewerb haben und nicht mehr von spekulativen Angeboten oder angebotspolitischem Mitbieten ausgegangen werden kann.

Kosten für Leistungen, die nicht dazu dienen, das angebotene Verfahren oder ähnliches grundsätzlich zu untermauern, sollten daher vom Auftraggeber direkt vergütet, bzw. die Kosten unmittelbar übernommen werden. Alle anderen werden vom Bieter bis auf weiteres getragen. In anderen Worten: Muß ein Bieter nachweisen, daß seine Annahmen in bezug auf die Sicherung ausreichen, so hat er die statischen Nachweise selbst und auf eigene Kosten zu erbringen. Braucht ein Bieter hingegen tiefergehende Untersuchungen über den Baugrund, um für seine angebotene Lösung die Verantwortung der grundsätzlichen Realisierbarkeit zu übernehmen, so ist diese vom Auftraggeber zu bezahlen.

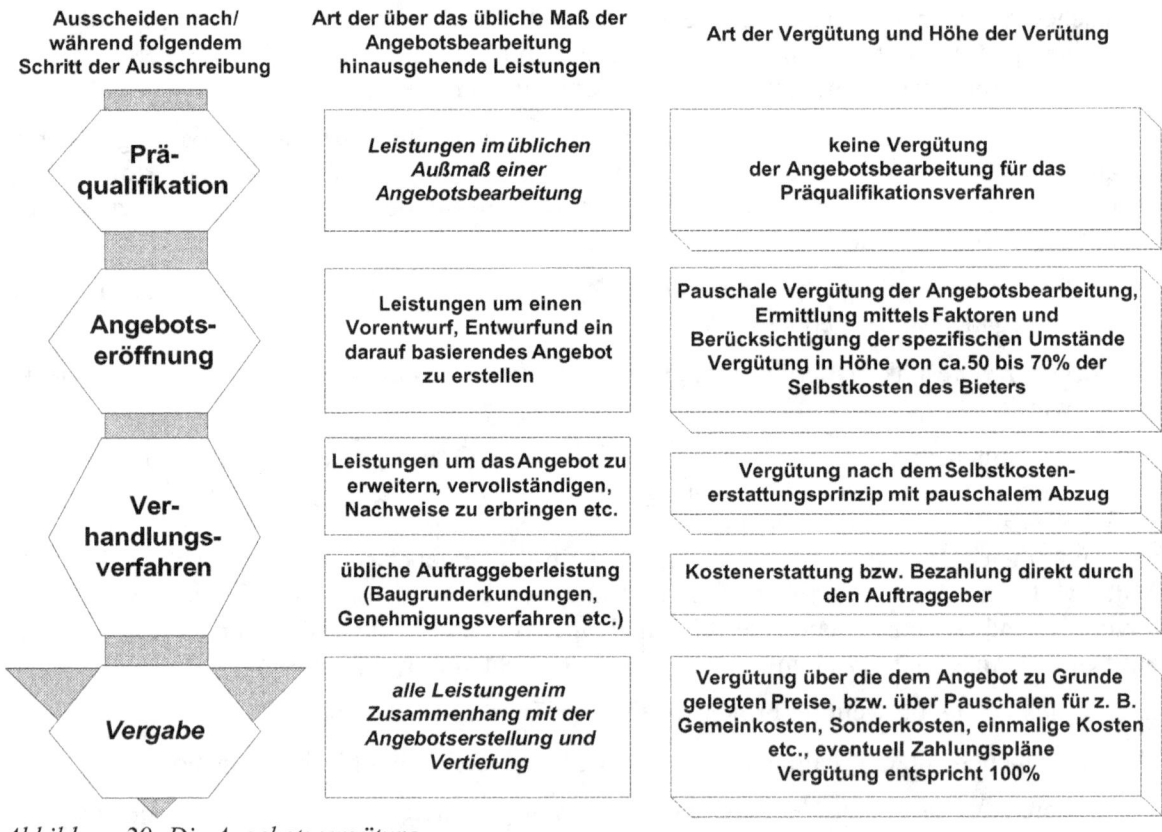

Abbildung 29: Die Angebotsvergütung

Die in den Verhandlungsverfahren ausscheidenden Bieter werden einen weitaus höheren Anteil ihrer Leistungen vergütet bekommen, als Bieter die zu Beginn ausgeschieden sind. Es ist an dieser Stelle nicht mehr sinnvoll, von pauschalierten Werten, die durch im vorangegangenen genannte Faktoren gebildet werden, auszugehen. Es bietet sich vielmehr an, nach dem Selbstkostenerstattungsprinzip vorzugehen und von diesen ermittelten Kosten einen von vorn herein bekannten Prozentsatz als Risikoeinbehalt des Bieters abzuziehen. Dadurch wird erreicht, daß der Bieter effizient arbeitet. Es ist auch hier wieder wichtig, daß der Bieter seine Kosten transparent und prüfbar nachweisen kann. Das „Wie" muß in der Ausschreibung geregelt sein.

Am Ende verbleibt der Bestbieter, der seine Kosten in seine Angebotspreise einzurechnen hat.

3.3 Umsetzung in die Genehmigungsplanung und -verfahren

3.3.1 Einflüsse der Genehmigungsverfahren

3.3.1.1 Die grundsätzlichen Genehmigungsverfahren

Die wichtigsten Genehmigungsverfahren[117], die ein Tunnelbauprojekt durchlaufen muß, sind:

Der Bundesverkehrswegeplan[118] (BVP)

Das Raumordnungsverfahren (ROV)

Das Planfeststellungsverfahren (PFV)

Das Raumordnungsverfahren (ROV) wird im Modell der funktionalen Leistungsbeschreibung mit Konstruktionswettbewerb vor der Ausschreibung abgeschlossen. Es legt dem Bieter minimale Restriktionen auf, da die Trasse nur grundsätzlich und mit einem gewissen Spielraum festgelegt wird.

Mit der geringen Einschränkung der bereits festgelegten Linienführung geht der Auftraggeber in die Ausschreibung. Er stellt das funktionale Leistungsprogramm auf und schreibt aus. Nur wenn vor dem Planfeststellungsverfahren (PFV) ausgeschrieben wird, sind die Vorplanung und der Entwurf der Leistung freigestellt, also dem Wettbewerb unterstellt. Dem Bieter sind in diesem Fall in bezug auf sein Konzept die geringsten Randbedingungen vorgegeben. Er kann sein Wissen maximal einsetzen und in einen Entwurf umwandeln.

Diese genehmigungsrechtlichen Schritte eines Tunnelbauprojektes wirken sich maßgeblich auf die Dauer von der Planung bis zur Umsetzung aus. Sind die verschiedenen Genehmigungsverfahren theoretisch auch in ihrem Ablauf bekannt, so machen Einsprüche von Behörden und dritter, sowie eventuelle Streitigkeiten, die vor Gericht enden, einer Voraussage

---

[117] Siehe dazu Kapitel „Genehmigungsverfahren" im Teil Anhang.

[118] Tunnelbauprojekte sind in der Regel Infrastrukturbaumaßnahmen für Verkehr und Versorgung. Verkehrsbauwerke fallen unter besondere genehmigungsspezifische Regelungen, da sie vom Bund im Bundesverkehrswegeplan (BVP) festgelegt werden. Andere Infrastrukturbaumaßnahmen fallen nicht unter diesen Plan, müssen aber in der Folge die selben Verfahren durchlaufen.

des positiven Abschlusses immer wieder Probleme. Unter Umständen können sie es unmöglich machen, den anvisierten Terminplan einzuhalten.

Was?	Planung	Beschluß
Bundesverkehrswegeplan (alle 5 Jahre)	grundsätzlicher Beschluß, nur bei Bundesverkehrswege-projekten (Straße, Schiene, Wasser...)	**Neubau/ Ausbau eines Schienenwegen von A nach B** oder von A über B nach C
Raumordnungsverfahren (ROV)	i. A. mehrere technische **Realisierungsvarianten** im Maßstab 1:250000 oder 1:500000 nur **Vorentwurf der Trassierung** und Verlauf der Trasse in grob festgelegten Grenzen	Prüfung, ob das Projekt und der Verlauf/ die Lage des Projektes mit den **Zielen der Raumordnung** unter Abwägung der verschiedenen der Interessen **vereinbar** ist
Planfeststellungsverfahren (PFV)	**Entwurf** nach Richtlinien der Entwurfsgestaltung im Maßstab 1000 **Trassenverlauf** und u. U. Art und Weise der **Ausführung** und Bauverfahren liegen praktisch **fest** Abweichung nur, wenn unter dem Gesichtspunktt der Raumordnung nicht relevant	alle **öffentliche rechtlichen Belange** werden **rechtsgestaltend geregelt,** Prüfung der Zulässigkeit in Bezug auf öffentlich rechtliche Interessen und Belange das Raumordnungsverfahren kommt einer **eingeschränkten Baugenehmigung** gleich

Abbildung 30: Bundesverkehrswegeplan, Raumordnungs- und Planfeststellungsverfahren

3.3.1.2 Einfluß der Genehmigungsverfahren auf das Angebot

Die unterschiedlichen Angebote würden in der Regel durch die Form der in der Ausschreibung gewährten Freiheiten in bezug auf das Angebot verschiedene Planfeststellungsverfahren (PFV) bedingen, sobald diese die Belange dritter im Sinne des Planfeststellungsverfahrens (PFV) auf unterschiedliche Weise berühren. Aus diesem Grunde ist es eine Voraussetzung, daß die besten Konzepte über gleichen Trassenverlauf, ähnliche Bauverfahren etc. im Hinblick auf die Genehmigungsrelevanz verfügen müssen.

Diesem Umstand wird folgendermaßen Rechnung getragen:

> Die nach den ersten Bietergesprächen verbleibenden Angebote gehen in eine Prüfung hinsichtlich der Planfeststellung, auch wenn sie verschiedener Anträge bedürfen würden.

Es sollen hierdurch nicht mehrere Planfeststellungsverfahren angestrebt werden. Vielmehr geht es darum, die Varianten auf eine Machbarkeit unter den Gesichtspunkten der Restriktionen aus der Planfeststellung zu überprüfen. Es erfolgt dadurch die Entscheidung für ein grundsätzliches Konzept, das eventuell von mehreren Bietern verfolgt wird und das Verfahren durchläuft.

Es wird sich unter Umständen schnell herausfinden lassen, welches Angebot zum einen überhaupt und zum anderen welches schneller genehmigungsfähig ist. Mit dem oder den bisher verbliebenen Angeboten geht der Auftraggeber in die Planfeststellungsphase.

Ein Ausscheiden wegen voraussehbarer Ablehnung oder Schwierigkeiten im Rahmen des Planfeststellungsbeschlusses ist immer notwendig. Im Falle unterschiedlicher Genehmigungsdauer, ist unter Umständen dem schneller abzuschließen den der Vorzug zu geben[119].

Um zu dieser Entscheidung zu gelangen, kann es notwendig sein, daß der Auftraggeber vertiefte Untersuchungen des Baugrundes auch für verschiedenen Verfahren oder Verläufe beauftragt.

3.3.1.3 Einfluß der Genehmigungsverfahren auf die Umsetzbarkeit des Ausschreibungs- und Vergabemodells

Im Modell wurde bisher davon ausgegangen, daß Planung und Bauleistung in einem ausgeschrieben und vergeben werden. Auf Grund der Genehmigungseinflüsse muß aber über die grundsätzliche Durchführbarkeit nachgedacht werden.

Die geschilderten Abläufe und schwer einschätzbaren Dauern des Planfeststellungsverfahrens (PFV), können unter Umständen das bisher dargestellte Vorgehen in Frage stellen. Ist eine praktische Durchführung überhaupt möglich, wenn ja, wie? Kann nicht vorausgesagt werden, wann nach Abschluß der Entwurfsplanung die Plangenehmigung erfolgt, ist es schwierig, seitens des Bieters verbindliche Angebote abzugeben. Die damit verbundenen Ungewißheiten auf den Zeitpunkt der eigentlichen Ausführung und die schwer zu kalkulierenden Einflüsse, lassen Probleme bezüglich der vertraglichen Gestaltung bei ausgeglichener Interessenlage entstehen.

Dieser Umstand bedeutet für den Auftraggeber kein weiteres Risiko. Es erwächst nicht aus diesem Modell der Ausschreibung und Vergabe. Wird auf herkömmliche Art und Weise

---

[119] Dadurch können Kosten durch früheren Baubeginn unter Umständen in weitaus höherem Maße gespart werden, als durch ein günstigeres Konzept anfallen.

ausgeschrieben, hat der Planer des Auftraggebers eine Kostenschätzung aufgestellt. Diese wird genauso wie die Preise eines in dieser Phase gemachten Angebotes, welches auf einer Prognose des Baubeginns, der nun nicht mehr eingehalten werden kann, aufbaut, hinfällig und muß angepaßt werden.

Neu hingegen ist diese Problematik für den Bieter.

In diesem Zusammenhang betont Eschenburg, daß, soll das Konzept einer funktionalen Ausschreibung erfolgreich sein, das Planfeststellungsverfahren (PFV) abgeschlossen sein muß[120]. Dem ist grundsätzlich zu widersprechen. Das Planfeststellungsverfahren muß zum Beginn des Zeitpunktes der Ausführung abgeschlossen sein. Darüber hinaus müssen Regelungen in bezug auf Termine des Abschlusses des Verfahrens, wie auch auf Kostenannahmen in der Kalkulation gefunden und aufgenommen werden. Sie haben die Belange und Interessen beider Seiten ausgeglichen zu berücksichtigen, dürfen nicht einseitig Risiken abwälzen, sondern sollen auf kooperative Weise das Problem bewältigen. Hier ist ein Zusammenspiel von Baujuristen und Ingenieuren gefragt. Dieser Umstand kann vertraglich geregelt werden[121].

Die Problematik wird für den Bieter bereits dadurch entschärft, daß er nicht seine gesamten Kapazitäten an die Ausschreibung bindet. Vielmehr ist lediglich ein Planungsstab involviert. Mit diesem Umstand müssen Bieter von Betreibermodellen etc. in ähnlicher Weise zurecht kommen. Vergütungsansprüche können geregelt werden.

Das Problem ist vielmehr, ob die Bieter ein dauerhaftes Interesse haben und ob ihnen eine Bindung zugemutet werden kann, ihr Angebot aufrecht zu halten.

Stellt sich der ungünstigste Fall ein, daß die Planfeststellung sich auf unbestimmbare Zeit hinauszögert und die Bieter nicht mehr an ihre Angebote gebunden werden können, verbleibt dem Auftraggeber jedoch noch immer die Möglichkeit, die Ausschreibung wegen gewichtiger Gründe zurückzuziehen und nach erfolgtem Panfeststellungsbeschluß erneut mit der besten Lösung des vorangegangenen Wettbewerbs auszuschreiben. Diese Variante muß vom Auftraggeber von vornherein bedacht werden, um den Einfluß auf Kosten und Zeit sowie eventuelle Möglichkeiten der Bieter auf Schadenersatz in Betracht zu ziehen. An dieser Stelle ist das Wissen von fachkundigen Baujuristen in die jeweilige Ausschreibung einzubringen. Pauschale regeln lassen sich nicht aufstellen.

---

[120] Vgl. Eschenburg/ Glowaki „Funktionale Leistungsbeschreibung" Vorabzug einer Veröffentlichung der DB Projekt GmbH Köln – Rhein/ Main 1997, erschienen im Eisenbahningenieurkalender 1998

[121] Darüber hinaus ist festzustellen, daß die Probleme der Planfeststellung der Neubaustrecke Köln – Rhein/ Main weniger auf die Abläufe der Planfeststellungsverfahren, als auf die gesamte Komplexität des Bauvorhabens zurückzuführen sind.

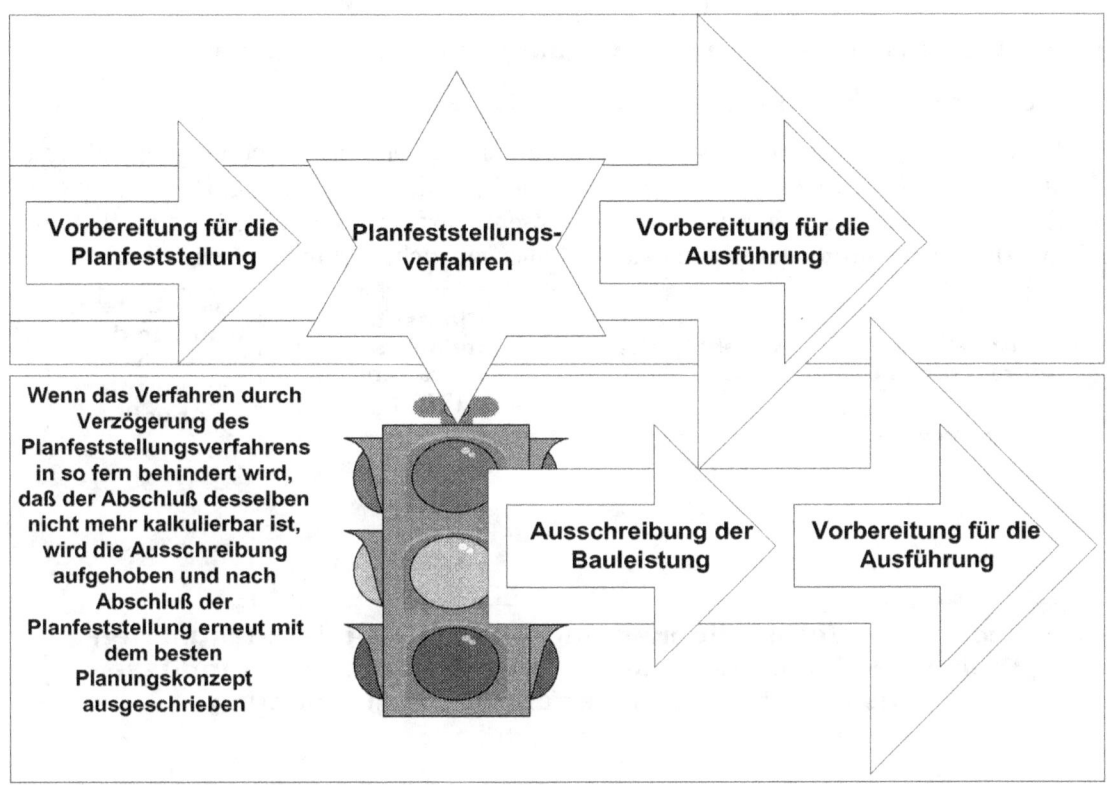

Abbildung 31: Einfluß der Planfeststellung auf das Verfahren

Die Möglichkeit, das Projekt nach Planung und Bauausführung getrennt auszuschreiben, soll aus zweierlei Gründen nicht weiter in Betracht gezogen werden. Die Vorteile des vorgestellten Konzeptes werden nicht ausgeschöpft. Darüber hinaus wurde dieser Weg bereits vom Tiefbauamt der Freien- und Hansestadt Hamburg bei der Ausschreibung und Vergabe der 4. Röhre des Elbtunnels beschritten.

3.3.1.4 Einfluß der Genehmigungsverfahren auf den Angebotspreis

Ein weiterer kritischer Punkt ist der Angebotspreis der Leistung.

Das Planfeststellungsverfahren ist der notwendige Schritt, der zum Abschluß gebracht werden muß, um vertraglich zu vereinbarende Preise anzugeben oder zu verlangen. Bevor dieses nicht abgeschlossen ist und die bisherige, bzw. aus diesem Verfahren heraus geänderte Planung in die Entwurfsplanung umgesetzt werden kann, können sie nicht verbindlich sein[122].

Ausschreibung → Angebote der Bieter → Planfeststellungsverfahren (PFV) → überarbeitetes und an das PFV angepaßtes Angebot

→ wachsende Verbindlichkeit und Genauigkeit der klakulierten Preise des Angebotes durch Konkretisierung der Einflüsse aus Genehmigungsverfahren auf die Planung

Abbildung 32: Einfluß der Genehmigungsphasen auf den Angebotspreis

Muß auch offen bleiben, ob es Möglichkeiten gäbe, dieses Problem zu lösen, indem der Bieter das Risiko für die Umsetzung und grundsätzliche Verwirklichungsmöglichkeit in das Planfeststellungsverfahren übertragen bekommen, soll dieser Weg nicht weiter verfolgt werden. Zum einen bedeutet das, daß dem Bieter ein hohes Risiko, welches sich in seinen Preisen niederschlagen muß, auferlegt wird. Zum anderen liefe ein solcher Vertrag gegen die gesteckten Ziele eines partnerschaftlichen Verhältnisses.

Ein weiterer, im Zusammenhang mit dem Angebotspreis stehender zu bedenkender Punkt, ist folgender: Tritt der Fall ein, daß bereits vor dem Planfeststellungsverfahren nur noch ein Bieter verbleibt und dessen Angebot in die Planfeststellung geht, ergibt sich dadurch die berechtigte Sorge eines Preisdiktates, treten Änderungen durch das Planfeststellungsverfahren auf.

---

[122] Der Aspekt der Geologie, also des Zutreffens, bzw. überhaupt erst das ausreichende Vorhandensein der Untersuchungen und Voraussage des Baugrundes, soll an dieser Stelle außen vor gelassen werden.

Die Lösung liegt in einer Regelung, die bereits in den Ausschreibungsunterlagen greift und die dieses bedacht hat[123].

Es bleibt in diesem Zusammenhang noch festzustellen, daß grundsätzlich die Preise von Verhandlungsstufe zu Stufe verbindlicher werden, weil genauer kalkulierbar.

Aus dieser Problematik geht hervor, wie notwendig es ist, eine kooperative Zusammenarbeit zwischen Auftraggeber und Bieter, bzw. Auftragnehmer, in den Vordergrund zu stellen. Ist der Auftraggeber während der bisherigen Verhandlungen in bezug auf Preise und Risiken immer bis an das Limit des Bieter herangegangen und hat diesem Auflagen gemacht, die er nur aus Gründen des Wettbewerbsdruckes hingenommen hat, wird er mit wenig Entgegenkommen rechnen können. Gleichfalls verhält es sich, wenn das objektive Gefühl bereits in den Vergabegesprächen aufkommt, daß hier versucht wird, nicht eine Lösung zu erarbeiten, sondern Risiken abzuwälzen.

Tritt der Fall ein, daß ein Angebot sich als beste Lösung herausgestellt hat und allein in die Planfeststellung geht, hat der Auftraggeber vorher bereits die Möglichkeit, abzuwägen, ob dieser Vorschlag so viel besser ist als die anderen Angebote, daß er trotz fehlender Konkurrenz nach Abschluß des Verfahrens noch immer das vertretbarste beste Konzept ausmacht.

Dazu eine grundsätzliche Feststellung: Bestbieter bedeutet nach Auslegung der VOB/A nicht Billigstbieter! Es geht nicht darum, das billigste Angebot durch Vergleichen der Angebotspreise herauszufinden. Vielmehr muß bei der Entscheidung das schlüssigste, vollständigste Angebot in Hinsicht auf Verfahren, Technik, Qualität etc. unter den zugrundegelegten Anforderungen und Normen ausgewählt werden. Dabei kommt es auf die Plausibilität in Hinsicht auf das Gesamtkonzept des Angebotes an, das den Preis nur als ein Entscheidungskriterium von mehreren berücksichtigt. Demgegenüber steht die oftmals falsche Auslegung, daß der niedrigste Preis das beste Angebot ausmacht. Der Auftraggeber muß den Mut haben, den Billigstbieter nicht automatisch mit dem Bestbieter gleichzusetzen[124].

Ein Bewertungsverfahren in diesem Zusammenhang kann nicht pauschal erstellt werden. Grundsätzlich muß der Auftraggeber gegenüberstellen, welche Kosten allein durch den verkürzten Auswahlprozeß und Planungszeitraum, sowie früheren Baubeginn eingespart werden können.

Es bedarf im Falle einer Entscheidung für einen Bieter vor dem Planfeststellungsverfahren (PFV) eines fachlichen kompetenten Auftraggebers, der bereit und dazu in der Lage ist, seine Entscheidung notwendigerweise gegen Kritik zu rechtfertigen.

---

[123] Es wird in diesem Zusammenhang auf das Kapitel „Aufschlüsselung des Angebotes" des dritten Teils der Arbeit verwiesen. In diesem ist beschrieben, wie die Kalkulation aufgeschlüsselt werden muß, um der angesprochenen Problematik gerecht zu werden.

[124] Auch bei Abschluß eines Pauschalpreisvertrages ist der Preis eine Variable. Vgl. dazu Kapitel „Die Vertragsarten nach VOB/A" des ersten Teils.

Alle Bedenken können in diesem Zusammenhang nicht ausgeräumt werden, weniger noch alle Probleme mit Verläßlichkeit. Der Kritikpunkt ist durchaus berechtigt, aber erkennbar und beherrschbar. Er sollte nicht zu sehr in den Vordergrund gerückt werden, handelt es sich doch um eine Ausnahme. Der Zustand, daß nur ein Angebot bis zum Ende des Planfeststellungsverfahrens (PFV) im Wettbewerb steht, wird selten eintreten und läßt sich, soll er unterbunden werden, ausschalten. Bereits zwei Bieter lassen genügend Möglichkeiten zu, ein annehmbares Angebot, auch mit optimalen Preisen nach dem Planfeststellungsverfahren (PFV) für den Auftraggeber zu erhalten. Sprechen wir hier doch von einem Spezialgebiet des Bauens, auf dem der potentielle Bieterkreis bei umfangreichen Projekten, auch bei herkömmlichen Ausschreibungen, relativ gering ausfällt. Selbst bei der Neubaustrecke Köln - Rhein/ Main, bei welcher eben nicht so vorgegangen wurde, blieb laut Eschenburg kein Bieter, der in die engere Auswahl der Angebote gekommen war, unberücksichtigt.

3.3.2 Aufgabenverteilung während der Planung und Genehmigung

3.3.2.1 Aufgabenverteilung während der Planung

Die Aufgabenverteilung während der Planungsphasen soll an dieser Stelle in wichtigen Punkten ausgearbeitet werden. Die einzelnen, dadurch auftretenden Aufgaben, entziehen sich einer pauschalen Darstellung durch die Besonderheiten der jeweiligen Projekte. Zu unterschiedlich sind die Einflüsse und damit verbundenen geologischen Verhältnisse, einzuholende Genehmigungen im Ganzen, wie auch darunter fallende Einzelbestimmungen [125]. Darüber hinaus fließen Auswirkungen aus dem eventuell mit dem Tunnelbauwerk verbundenen Gesamtbauwerk mit ein.

Am Anfang der Planung steht die Grundlagenermittlung [126]. Diese ist einzig und alleine die Aufgabe des Auftraggebers und muß unbedingt vor der Ausschreibung abgeschlossen sein.

Neben der Grundlagenermittlung muß das Raumordnungsverfahren (ROV) vom Auftraggeber durchgeführt werden. Die diesbezügliche Planung fällt einzig in den Aufgabenbereich des Auftraggebers. Die Linienführung des Tunnels von A nach B wird unter möglichst günstigen geologischen Verhältnissen und sonstigen Aspekten festgelegt [127].

---

[125] Ein Tunnel für eine Eisenbahnstrecke wird auf Grund der rechtlichen und gesetzlichen Konstellation zum Beispiel andere Schritte bedingen, als ein Straßentunnel oder ein Versorgungstunnel.

[126] Sie wird im Falle eines Tunnels im Rahmen eines Bundesverkehrsprojektes teilweise durch den Bundesverkehrswegeplan (BVP) erfüllt.

[127] Diese ist keinesfalls die abschließend beste Variante, da sie nur den momentanen auftraggeberseitigen Planungsstand widerspiegeln kann. Die Untersuchungen im Hinblick auf Geologie, Machbarkeit etc., um diese Entscheidung fällen zu können, müssen aber so genau sein, daß auf Grundlage der Planung und Untersuchung des Auftraggeberen eine optimale Entscheidung getroffen werden kann, die im Grunde nur durch bieterseitige Erkenntnisse in bezug auf Verfahren, Ressourcen etc. revidiert werden kann.

Die Vorgabe einer Trasse des Tunnels ist notwendig, um den Bietern einen Verlauf vorzugeben und nicht Aufgaben, die aus der Linienfindung resultieren, mehrfach anfallen zu lassen. Würde diese Aufgabe auf den Bieter übertragen werden, hätte es zur Folge, daß die Angebote noch weniger vergleichbar wären[128].

Eine weitere Aufgabe des Auftraggebers ist es, das geologische, hydrogeologische und felsmechanische Gutachten im Bereich der unverbindlich vorgegebenen Trassenführung anfertigen zu lassen. Die Gutachten des Baugrundes müssen so genau und aussagekräftig wie möglich sein, da sie den Bietern als Grundlage von Verfahrenswahl und Kalkulation dienen. Sie müssen darüber hinaus zumindest den Bereich der Variationsmöglichkeiten, der durch das Raumordnungsverfahren (ROV) den Bietern in der genauen Wahl der Trassenführung verbleibt, abdecken.

Der bisherige Ablauf ist nicht grundsätzlich verschieden zu herkömmlichen Ausschreibungen. Nur in bezug auf die Verbindlichkeit der Vorgaben und eventuell die Intensität der Untersuchungen des Baugrundes, ist aus Gründen der Einbindung des Unternehmers bereits in die Planung des Vorentwurfs, ein anderes Vorgehen einzuschlagen.

Im Anschluß an diese auftraggeberseitige Planung und Erkundung folgt die Ausschreibung des Projektes und in diesem Zusammenhang die

> Vorplanung
>
> Entwurfsplanung
>
> Genehmigungsplanung und
>
> Ausführungsplanung

Indem bereits die Vorplanung mit unter den Wettbewerb gestellt wird, wird verdeutlicht, daß die darauf folgenden Planungsstufen allesamt grundsätzlich Aufgabe des Bieters werden[129].

Schnittstellen mit Aufgaben des Auftraggebers ergeben sich durch die Genehmigungsverfahren an sich und die Rechte dritter.

Im Detail wird folgendes Vorgehen als optimal erkannt:

> Der Bieter übernimmt die Vorplanung bis hin zur Ausführungsplanung als Ganzes und kalkuliert darauf aufbauend sein Angebot. Da das Planfeststellungsverfahren (PFV) zu diesem Zeitpunkt noch nicht beantragt ist, basiert sein Angebot auf den bisher

---

[128] Die Vorgabe durch das abgeschlossene Raumordnungsverfahren (ROV) ist nicht unumstößlich. Der Bieter erhält theoretisch die Möglichkeit, von diesem abzuweichen, um nicht eine eventuell optimale und bisher nicht in Betracht gezogene Lösung zu unterbinden.

[129] Das detailliertere Vorgehen wird an anderer Stelle beschrieben.

plausiblen Annahmen der Umsetzung seines Konzeptes unter Berücksichtigung seiner Erfahrungen und der Möglichkeiten der Verwirklichung an sich. Er bietet eine Lösung mit „Wenn und Aber" an, die noch der Fortschreibung bedarf.

Der Auftraggeber tritt nach Eröffnung der Angebote unverzüglich in die Bietergespräche ein, in denen er Aufklärung über Details verlangt. Er erhält vom Bieter gegebenenfalls den Auftrag weiterer Untersuchungen anzustellen, die dieser zur vertieften seines Angebotes benötigt.

Abgesehen von dieser Möglichkeit, wird der Auftraggeber als nächsten Schritt die Baugrunderkundungen vertiefen lassen, damit die Angebote der Bieter aussagekräftiger werden. Bieter und Auftraggeber bilden Teams, die die Weiterführung und Konkretisierung des Angebotes somit vorantreiben.

Die Planung der Baugenehmigungen ist Aufgabe des Bieters. Er übernimmt diese zur Gänze, insofern er bereits Auftragnehmer geworden ist. Für den Fall, daß der Auftrag noch nicht vergeben worden ist, wird ein differenzierteres Vorgehen eingeschlagen. Der grundsätzliche Verlauf wird an spätere Stelle geschildert.

Werden Untersuchungen und Planungen benötigt oder vom Auftraggeber gefordert, die sich darüber hinaus ganz speziell auf die Konzepte der Unternehmer beziehen, müssen sie vom Bieter angestellt werden. Denkbar sind zum Beispiel Prüfverfahren für bestimmte Ausbauvarianten oder auch Feldversuche.

Nach Abschluß des Planfeststellungsverfahrens (PFV) folgt die Ausführungsplanung. Diese ist dann wieder einzig und allein die Sache des Bieters. Der Auftraggeber soll grundsätzlich nicht mehr das Recht der Einmischung erhalten, lediglich die vertraglich vereinbarten Nachweise müssen abgeliefert werden. Dieses ist unabdingbar, da der Unternehmer als Generalübernehmer auftritt und sein eigenes Lösungskonzept vollständig umsetzt.

Der Auftraggeber kann zwar weiterhin zusätzliche und geänderte Leistungen beauftragen, sie sind aber wie üblich zusätzlich zu vergüten. In bezug auf Auswirkungen auf die Vertragsleistungen können diese unter Umständen sehr problematisch sein.

3. Teil: Funktionale Leistungsbeschreibung mit Konstruktionswettbewerb

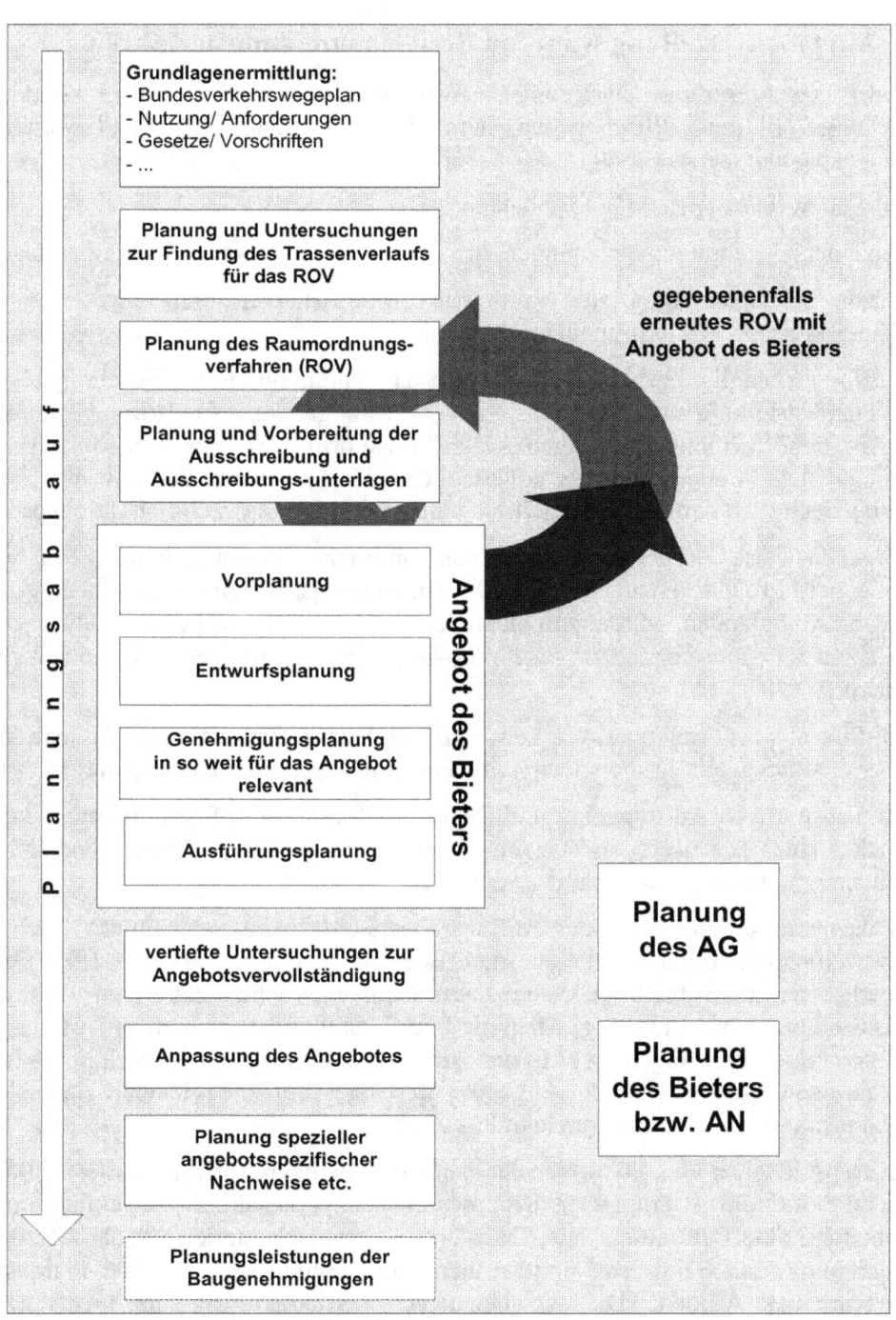

Abbildung 33: Aufgaben während der Planung

3. Teil: Funktionale Leistungsbeschreibung mit Konstruktionswettbewerb

3.3.2.2 Aufgabenverteilung während der Genehmigungsverfahren

Im Zuge der Bietergespräche sind einige Angebote ausgeschieden, andere können in das Planfeststellungsverfahren (PFV) gehen. Um diese durchzuführen, sind weitergehende Genehmigungsplanungen notwendig.

Bei diesen sind zwei Gruppen zu unterscheiden:

> Zum einen Genehmigungsplanungen, die von allgemeiner Natur sind und zum anderen

> Genehmigungsplanungen, die unmittelbar mit den Bauverfahren bzw. dem jeweiligen Lösungskonzept, in Zusammenhang stehen.

Die allgemeine Genehmigungsplanung, wie auch das Durchführen der Genehmigungsschritte für die Planfeststellung ist Aufgabe des Auftraggebers. Er tritt gegenüber den Genehmigungsbehörden und zuständigen Stellen sowie dritten als Vertreter seines Bauwerkes nach außen auf. Die Planung in bezug auf besondere Verfahren etc. verbleibt weiterhin beim Bieter, wird jedoch vom Auftraggeber vertreten und genehmigungsrechtlich durchgesetzt.

Diese Vorgehensweise ist der Schlüssel eines optimalen Projektablaufes. Nur wenn der Auftraggeber sein Projekt vertritt, wird der Ablauf reibungslos vonstatten gehen. Vom Bieter diese Aufgabe zu verlangen, würde zum einen ein vielfaches Stellen gleicher Anträge mit sich bringen, somit organisatorischen Mehraufwand, zum anderen Kompetenzprobleme herausfordern.

In bezug auf Details der Angebote, wie zum Beispiel Ausbruchsverfahren, Wasserhaltung etc., müssen aber die Planungen für die jeweiligen Genehmigungen vom Bieter geliefert werden.

Das Zusammenspiel von Auftraggeber und Bietern muß in diesem Stadium bereits kooperativ sein. Es bedarf eines gegenseitigen Zusammen- und Zuarbeitens von Planung und Information für die Genehmigungen, um den Ablauf zu optimieren.

Es wurde davon gesprochen, daß der Auftraggeber sich zu diesem Zeitpunkt nicht für ein Angebot bzw. mehrere Angebote, die ein gleiches Planfeststellungsverfahren (PFV) bedingen, entschieden haben muß. Es bleibt in diesem Zusammenhang noch zu klären, wie dieses dann in der Planfeststellung umzusetzen ist. Mehrere Planfeststellungsverfahren (PFV) für ein und dasselbe Projekt zu beantragen, würde auf praktische und verfahrensrechtliche Bedenken stoßen. Sich nicht unterscheidende Angebote in bezug auf die Genehmigungsplanungen hingegen können unproblematisch durchgeführt werden.

Bei angebotsspezifischen und sich unterscheidenden Planungen für die Planfeststellung, muß auf der einen Seite vom Auftraggeber, bzw. dessen Fachplaner anfangs wie auch im Verlauf der Ausarbeitung eine Beurteilung auf Realisierbarkeit vorgenommen werden. Zum anderen sollte eng mit den Behörden und dritten im Hinblick auf die Planfeststellung zusammengearbeitet werden. Die verschiedenen Varianten müssen im Vorfeld der Beantragung der Genehmigungen auf ihre Möglichkeit der Genehmigung und damit verbundene Auflagen und Einflüssen diskutiert und untersucht werden. Die Ergebnisse für die verbleibenden Alternativen werden den jeweiligen Bietern mitgeteilt, damit diese ihr Angebot fortschreiben können und der Auftraggeber eine Entscheidung treffen kann.

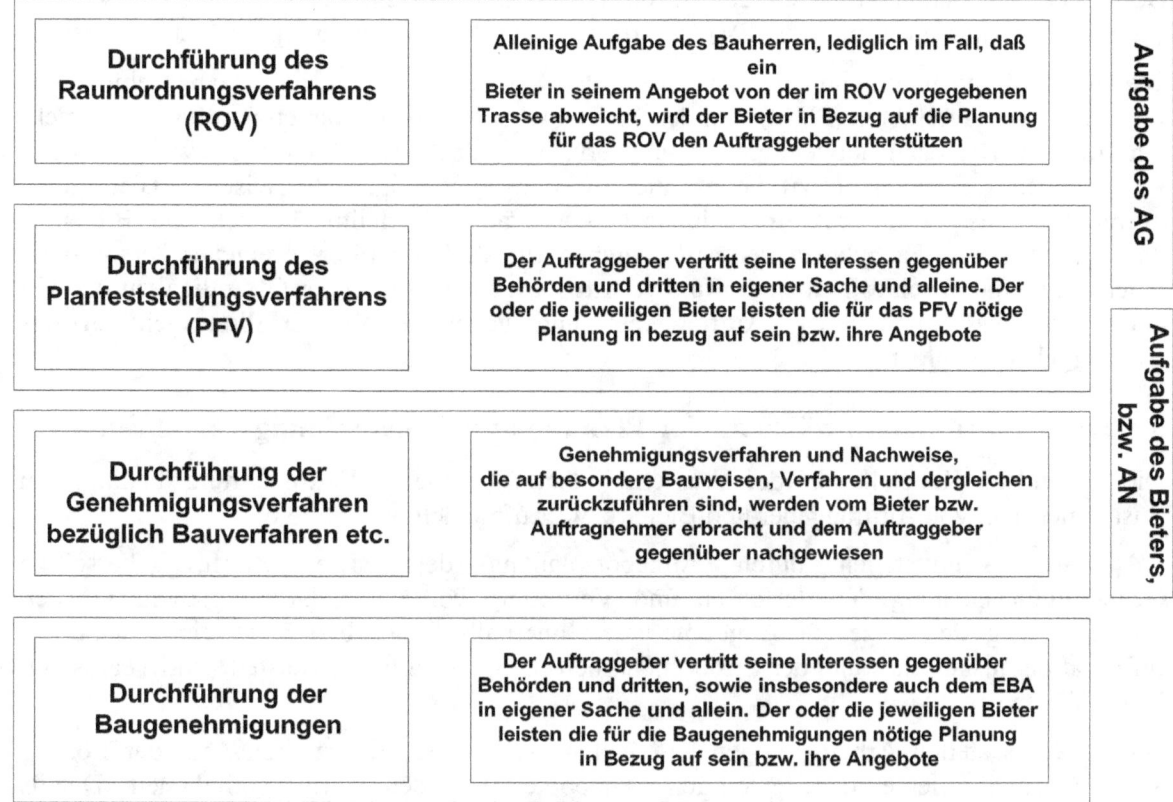

Abbildung 34: Aufgaben während der Genehmigungsphasen

Vor dem eigentlichen Angehen des Planfeststellungsverfahrens (PFV) wählt der Auftraggeber die Angebote oder das Angebot heraus, welches letztendlich auf ein Verfahren reduziert werden kann und führt dieses durch.

Der Bieter übernimmt bei dieser Auswahl und auch später wieder alle Aufgaben und Planungsleistungen für Genehmigungen, die durch sein besonderes Konzept notwendig werden. Der Auftraggeber beschränkt sich auf die allgemeinen und grundsätzlichen Aufgaben der Vorbereitung und später der Durchführung des Planfeststellungsverfahrens (PFV). Bieter und Auftraggeber arbeiten kooperativ in Teams zusammen.

Dieses Vorgehen der Vorbereitung zum Planfeststellungsverfahren (PFV) erscheint kompliziert. Es darf jedoch nicht außer acht gelassen werden, daß es eher der Ausnahmefall sein wird, daß die bis zu diesem Zeitpunkt verbleibenden Angebote sich noch in für das Planfeststellungsverfahren relevanter Hinsicht unterscheiden. Der Auftraggeber kann diesem Zustand auch durch Auswahl bestimmter Bieter entgegenwirken. Es birgt aber auch gerade durch die Verschiedenartigkeit Vorteile. Nicht eine Lösung liegt vor und muß gegen alle Widerstände durchgefochten werden, vielmehr stehen Alternativen zur Verfügung. Der Bestbieter kann sich unter Umständen aus der Diskussion mit Behörden und dritten im Vorfeld des Planfeststellungsverfahrens (PFV) oder dem Ablauf des Genehmigungsverfahrens ergeben.

Weitere Baugenehmigungen nach dem erfolgten und abgeschlossenen Planfeststellungsverfahren (PVF) wird der Auftraggeber in seinem Namen und für sein Projekt durchführen. Die dazu notwendige Planung erbringt jedoch der Bieter des jeweiligen noch verbliebenen Konzeptes. Dazu ist es auch wieder notwendig, daß zwischen Bieter oder eventuell bereits gewählten Auftragnehmer ein kooperatives Verhältnis herrscht. Der Bieter ist der Fachmann und Fachplaner, der Auftraggeber tritt als Überprüfer in eigener Person oder unter Zuhilfenahme eines Dritten auf und vertritt seine Interessen in der Öffentlichkeit. Es wir r ein Team aus Unternehmer, Auftraggeber und gegebenenfalls Erfüllungsgehilfen des Auftraggebers gebildet.

3.3.2.3 Koordination während der Planung und Genehmigungsverfahren

Die besondere Konstellation der Ausschreibung, Vergabe und Ausführung bedingt ein Zusammenspiel von Auftraggeber und Bieter bzw. Auftragnehmer.

Es treten Schnittstellen durch Angebotsplanung des Bieters, auftraggeberseitige Genehmigungsplanung der Verfahren und Vertretung vor einem Dritten, sowie aus der Fortschreibung der einzelnen Angebote auf. Innerhalb dieser bedarf es eines ständigen Informationsaustausches und der Zusammenarbeit. Um das zu gewährleisten, sind Teams zur Durchführung zu bilden.

Diese Teams stellen Arbeitsgruppen dar, welche sich in jeder Beziehung mit der Lösung auftretender Probleme der jeweiligen Angebote und den darin enthaltenen Details auseinandersetzen. Es geht nicht darum, den Auftraggeber in die Lösung einzuweihen und Aufklärungsgespräche zu führen. Dieses muß in den Verhandlungen erfolgt sein. In den Arbeitsgruppen durchdenken, bereiten zur Planung vor und planen Auftraggeber und Bieter im Zusammenspiel alle nötigen Schritte der Genehmigungsphasen.

Grundsätzlich übernimmt innerhalb der Teams der Bieter, bzw. Auftragnehmer, die eigentliche Planung, der Auftraggeber die Kontrolle und vor allem die Vertretung der Ergebnisse gegenüber dritten.

Im Hinblick auf ein spezielles Angebot wird unter verschiedenen Gruppen von Teams unterschieden, die sich grundsätzlich folgendermaßen unterteilen lassen:

Ein Führungs- und Koordinationsteam

Verschiedene Koordinationsstellen

Verschiedene Planungsteams

Die Koordinationsstellen und die Planungsteams werden neben der eigentlichen Planung für die Planung der folgenden Genehmigungsverfahren gebildet :

    Das Raumordnungsverfahren (ROV)

    Das Planfeststellungsverfahren (PFV)

    Baugenehmigungen

Das Führungs- und Koordinationsteam setzt sich aus einer kleinen Gruppe von Auftraggeber- und Bietervertretern bzw. Auftragnehmervertretern zusammen. Es koordiniert das Zusammenspiel der übrigen Arbeitsgruppen und durchdenkt und leitet die Gesamtheit der Genehmigungsschritte. Es beantragt gegebenenfalls Verfahren und Genehmigungen und führt diese durch. Dadurch wird der Zustand hergestellt, daß eine Gruppe das Projekt vertritt und als Verantwortlicher fungiert. Über diese laufen alle Informationen aus der jeweiligen Fachplanung von innen zusammen, wie auch alle Anforderungen und Reaktionen von außen. Die eigentliche Fachplanung und Durchführung derselben wird jedoch an Untergruppen delegiert.

Abbildung 35: Die Arbeit der Teams im Allgemeinen

3. Teil: Funktionale Leistungsbeschreibung mit Konstruktionswettbewerb

Das Führungsteam berichtet darüber hinaus dem Auftraggeber.

Die Koordinationsstellen werden für die spezifischen Planungsschritte bzw. Genehmigungsverfahren eingerichtet. Sie können gegebenenfalls auch entfallen. Sie übernehmen Verantwortung und Koordination und bestehen aus wenigen Vertretern eventuell beider Parteien, im allgemeinen aber nur des Bieters bzw. Auftragnehmers, die lediglich leitende und zusammenführende Aufgaben übernehmen. Hier werden zum Beispiel die notwendigen Schritte, Aufgaben und Leistungen für das Planfeststellungsverfahren (PFV), aber auch die eigentlichen Planungen durchdacht und deren Bearbeitung delegiert und koordiniert.

Die Planungsteams sind die eigentlichen Fachzirkel, in denen detaillierte Aufgaben angegangen und deren Lösungen erbracht werden. Sie setzen sich auf seiten des Bieters aus den jeweiligen, für den Aufgabenbereich zuständigen Fachplanern und einem Verantwortlichen, der entscheidungsbefugt ist, zusammen. Auf seiten des Auftraggebers wird nur in notwendigen Fällen ein Vertreter beigesellt, der entweder prüfenden und überwachenden Charakters ist, oder Schnittstellen nach außen verantwortet.

Der Unterschied der Aufgaben und der Zusammensetzung der Teams

    Vor der Auftragsvergabe bzw.

    Nach der Auftragsvergabe

wird durch die dezidierte Beschreibung der grundsätzlichen Aufgaben deutlich.

Vor der Vergabe befindet sich der Auftraggeber mit mehreren Anbietern in Verhandlung. Es werden daher für jedes Angebot ein Führungs- und Koordinationsteam, sowie Koordinationsstellen und Planungsteams gebildet. Ihnen obliegt es in diesem Zusammenhang, das Angebot im Hinblick auf Planung und Genehmigungen zu vervollständigen, abzustimmen und zu prüfen. Erst nach der Auftragsvergabe führen sie auch die eigentliche Genehmigungsplanung und Umsetzung durch.

Die Genehmigungsverfahren vor der Vergabe bearbeitet der Auftraggeber in einem eigenen Planungsstab. Dieser steht in Kontakt mit den jeweiligen Auftraggeber - Bieterteams und wird mit Informationen und nötigenfalls auch mit Planungsarbeit versorgt.

Die Teams tragen außerdem dafür Sorge, daß er den nötigen Informationsfluß und Bedarf gewährleistet, um eine Vergleichsmöglichkeit in bezug auf die verschiedenen Angebote zu erhalten.

Nach der Vergabe erlangen die Teams durch den Umstand veränderten Stellenwert, daß nun nur noch ein Bieter, der Auftragnehmer, verblieben ist. Dessen Lösung gilt es von nun an, als einzige umzusetzen. Der Auftraggeber wird Mitarbeiter im Team.

Außerhalb dieser Teams stehen auf seiten des Auftraggebers weitere Planungsgruppen etc., bzw. Erfüllungsgehilfen, die sich mit rein auftraggeberseitigen Leistungen, wie zum Beispiel Bodenerkundungen beschäftigen. Die Arbeiten werden vom Auftraggeber beauftragt und koordiniert, in den gemeinsamen Teams können jedoch die Vorgaben dazu gegebenenfalls erarbeitet werden. Der Bieter setzt neben den üblichen Arbeitsgruppen zur Erstellung, bzw. Ausarbeitung seines Angebotes, zusätzlich solche zusammen, in denen er vom Auftraggeber geforderte, zusätzliche Nachweise, für zum Beispiel bestimmte Bauverfahren erarbeitet. Auch diese erhalten unter Umständen Aufträge von gemeinsamen Teams.

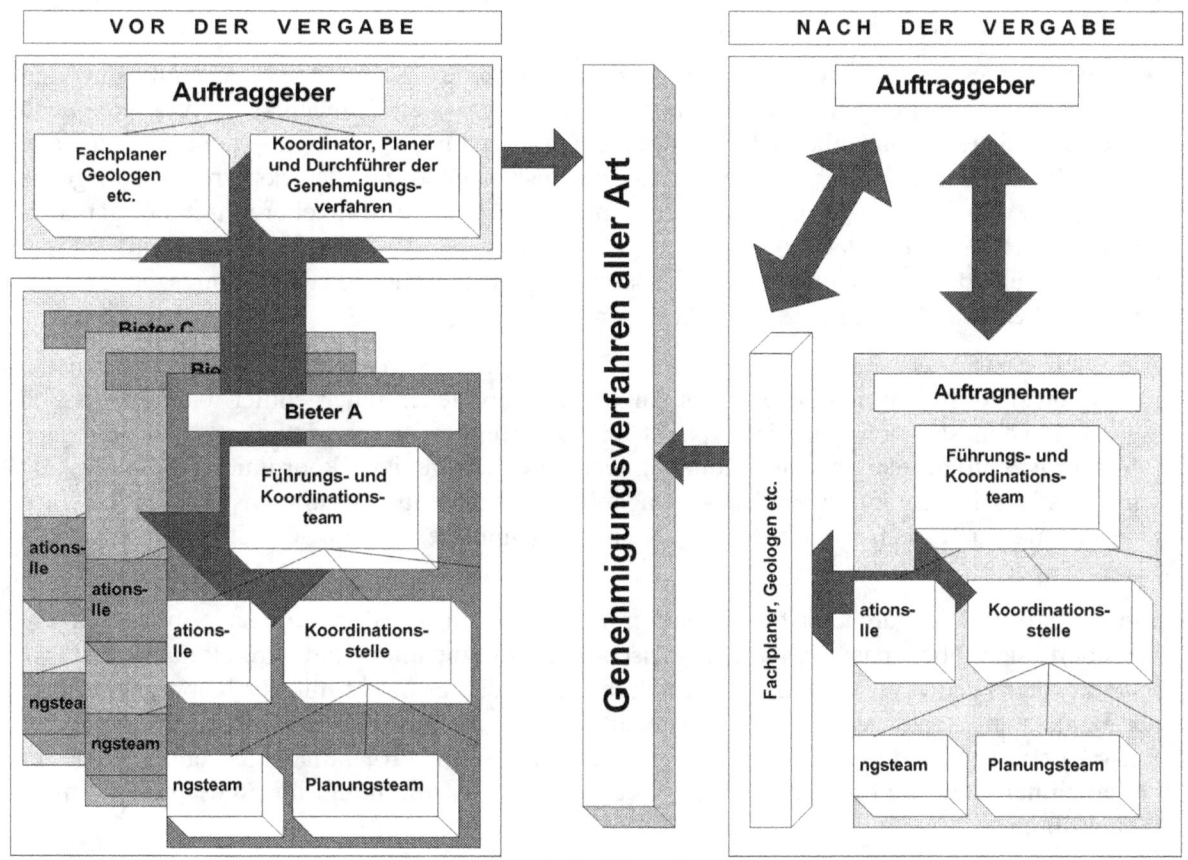

Abbildung 36: Die Arbeit der Teams vor und nach der Vergabe

3.3.2.4 Aufgabe des PM

In den vorangegangenen Ausführungen wurden immer wieder die Aufgaben des Auftraggebers und die der Bieter ausführlich beschrieben. Es stellt sich in diesem Zusammenhang die Frage, wer auf seiten des Auftraggebers diese Aufgaben wahrnimmt und wie dieses bei den Bietern zu lösen ist. Insbesondere auch im Hinblick auf die beschriebenen Teams oder Arbeitsgruppen ist diese Frage interessant. Da dieses jedoch kein grundsätzliches Problem der vorgestellten Ausschreibung und Vergabe mit funktionaler Leistungsbeschreibung und Konstruktionswettbewerb darstellt, soll es nur insofern aufgearbeitet werden, als sich neue Gestaltungsmöglichkeiten auftun.

In bezug auf die interne Organisation des Auftraggebers muß dieser im Falle, daß er nicht selbst über die nötige Kompetenz, der mit der Auswahl des Bestbieters und späteren Koordination während der Leistungserbringung verfügt, Erfüllungsgehilfen zu Rate ziehen. Gleiches gilt für Leistungen, die in seinem Bereich vor, während und nach der Vergabe liegen.

Die Frage stellt sich in ähnlicher Form, wenn der Auftraggeber möglichst viele Aufgaben abgeben will, also massives Outsourcing betreibt.

Aus dem dargelegten ergeben sich grundsätzlich keine geänderten Umstände für den Auftraggeber. Dem Leistungsbereich eines Projektmanagers erschließen sich im Grunde auch keine zusätzliche Aufgabenbereiche, da er an der Auswertung und Vergabe je nach Grundlage seines Vertrages mitwirkt[130]. Es bietet sich aber insbesondere an, daß der Projektmanager in den Teams die Leitung übernimmt. Er kann dabei die Auftraggebervertretung gänzlich übernehmen und vor der Vergabe die Informationen die zur Bieterauswahl führen, zusammenführen. Es obliegt ihm, das Zusammenspiel zwischen den Erfüllungsgehilfen des Auftraggebers und den Teams zu gewährleisten.

Auf der Seite der Bieter ergibt sich für den Projektmanager ebenfalls ein neues Betätigungsfeld. Indem der Bieter eines Angebotes zum Generalübernehmer wird, ändert sich dessen Leistungsbereich gänzlich. Nicht die Ausführung einer detailliert beschriebenen Leistung ist gefragt, ein gesamtes Konzept, welche eigens geplant, koordiniert und umgesetzt wird. Die klassischen Aufgaben des Auftraggebers in bezug auf Zusammenspiel der einzelnen Unternehmer und damit auftretender Schnittstellenproblematiken, verschieben sich zum Unternehmer.

Die Aufgaben die dadurch entstehen, sind grundsätzlich für den Projektmanager nicht neu. Es verändert sich aber das Verhältnis zwischen Auftragnehmer und Projektmanager. Der Unternehmer benötigt einen eigenen Projektmanager, den er direkt mit der Koordination etc. der Bauleistung beauftragt. Somit verschiebt sich das Verhältnis, ähnlich wie es bereits bei Fachplanern und Auftragnehmern geschildert wurde. Der Projektmanager unterstützt den Unternehmer und muß für dessen Konzept und in Abstimmung mit diesem, Lösungen herbeiführen.

---

[130] Vgl. Diederichs (Hrsg.) „DVP Informationen 1996" Deutscher Verband der Projektsteuerer e. V. Bergische Universität Wuppertal

3.4 Vertragsgestaltung

3.4.1 Zusammenhang der Ausschreibung und Vertragsgestaltung

Art und Weise der Leistungsbeschreibung und Vertragsgestaltung können nur gemeinsam betrachtet werden. Bestimmte Vertragstypen setzen Formen der Beschreibung voraus, Beschreibungen wiederum müssen in Vertragstypen enden. Jedoch machen Bandbreiten die Übergänge fließend und lassen keine abschließende Zuordnungen zu. Die folgenden Ausführungen beziehen sich daher nur auf Grundsätzliches.

Die maßgebliche Frage ist, welche Auswirkungen aus dem Modell der funktionalen Leistungsbeschreibung mit Konstruktionswettbewerb und den daran geknüpften Zielen und Vorstellungen des Auftraggebers, resultieren. Das Modell wurde entwickelt, weil auf Grund der Technik und sonstigen Umstände das Projekt so anspruchsvoll ist, daß es ein Zusammenspiel und Einbringen von Kenntnissen von allen, an Planung und Ausführung Beteiligter, bereits im Vorplanungsstadium bedarf. Der Entwurf der Leistung wird unter den Wettbewerb gestellt.

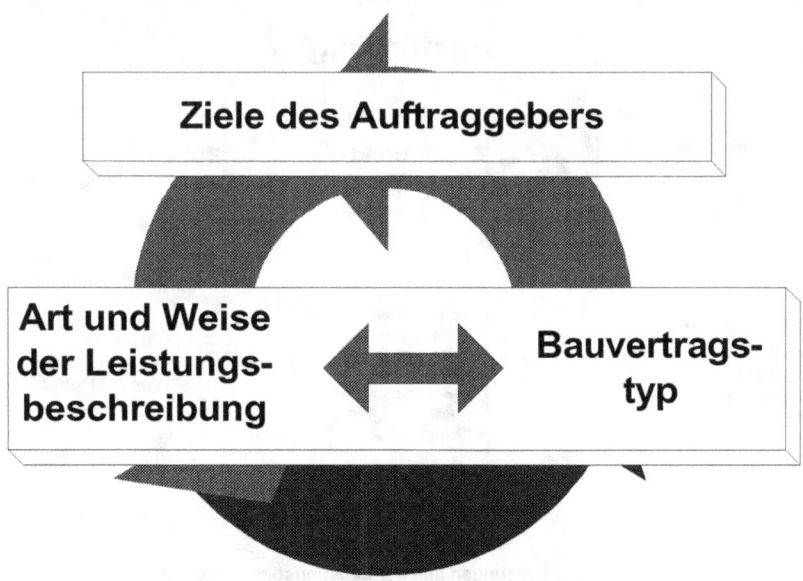

Abbildung 37: Zusammenhang von Zielen des Auftraggebers, Leistungsbeschreibung und Vertragstyp

Nach Kapellmann/ Schiffers[131] bedingt dieses einen Totalunternehmervertrag mit auftragnehmerseitiger Entwurfs- und Ausführungsplanung. Risiken von angebotenen Lösungen

---

[131] Vgl. Kapellmann/ Schiffers „Vergütung, Nachträge und Behinderungsfolgen beim Bauvertrag Band 2: Pauschalvertrag einschließlich Schlüsselfertigbau" Werner Verlag 1997

müssen grundsätzlich von dem Projektbeteiligten verantwortet werden, in dessen Einflußsphäre sie fallen.

Das Ergebnis ist eine schlüsselfertige Vergabe mit einem global Pauschalvertrag, bestehend aus nach Risiken getrennten Teilpauschalen.

3.4.2   Aufgabenverteilung während der Ausführung

Das Modell bringt einen weitestgehenden Rückzug des Auftraggebers aus der Bauausführung mit sich. Grundsätzlich beschränkt sich die Einwirkungsmöglichkeit des Auftraggebers auf die Kontrolle und Unterstützung des Auftragnehmers, sowie auf die Bauüberwachung.

Der Auftragnehmer trägt die alleinige Verantwortung für die vertragsgerechte Erfüllung der Leistung. Durch das Verhandlungsverfahren, die damit verbundene Aufklärung der Angebotsinhalte, und die Annahme des Angebotes hat der Auftraggeber das Angebot ausreichend und abschließend geprüft. Er darf nicht das Recht zugesprochen bekommen, während der Ausführung in die Vorgehensweise des Auftragnehmers einzugreifen. Dadurch würde er in dessen Risikobereich einwirken. Insbesondere die in der Kalkulation angenommenen Voraussetzungen und Annahmen würden berührt werden.

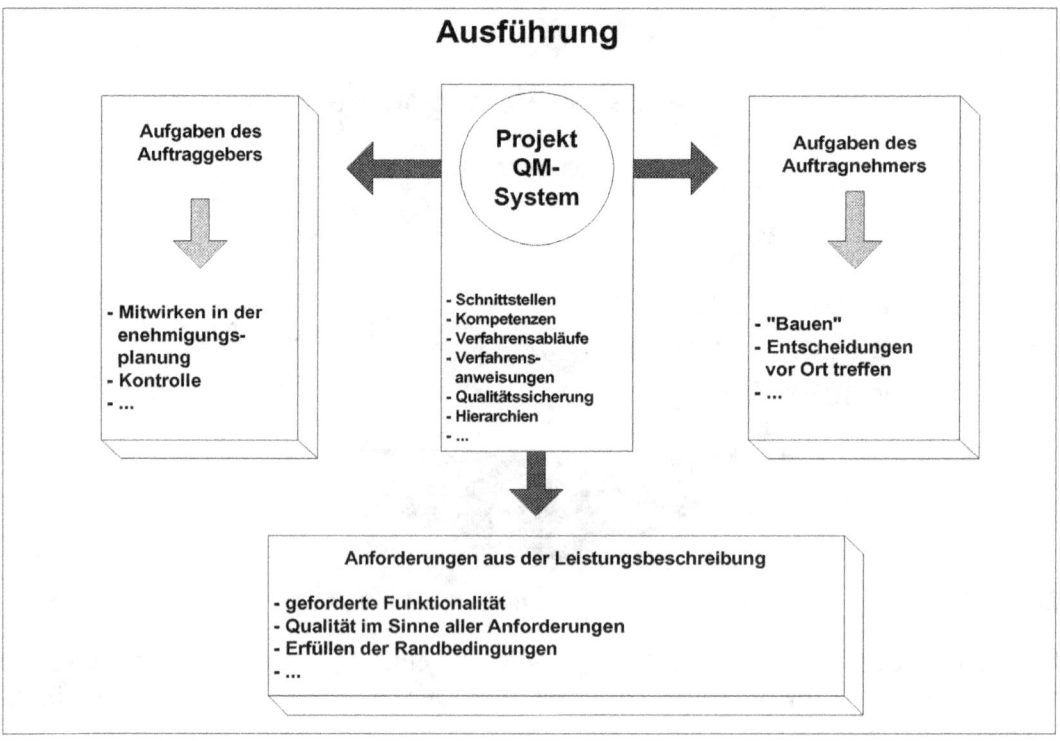

Abbildung 38: Die Rolle eines Projekt - QM- Systems

Damit dem Auftraggeber Möglichkeiten verbleiben, Kontrolle auszuüben und in Fällen intervenieren zu können, bei denen die Leistung nicht vertragsgemäß ausgeführt wird, bedarf es in der Phase der Ausführung eines angepaßten Projektqualitätsmanagementsystems, das auch eine Bauüberwachung gewährleistet.

Das Projektqualitätsmanagementsystem erlangt durch die Teams für die Planungs- und Genehmigungsverfahren eine besondere Bedeutung. Indem der Auftraggeber in diesen Arbeitsgruppen vertreten ist, besteht die Tendenz, über eine unterstützende Mitwirkung auch die Führungsrolle in bezug auf Entscheidungen zu übernehmen. Diese fallen aber in den Risikobereich des Unternehmers und müssen von ihm getragen werden. Das Projektqualitätsmanagementsystem muß die Kompetenzen und Verfahrensabläufe innerhalb dieser Teams definieren.

3.4.3 Risiken und Risikoverteilung

Die sich aus Bauvertrag ergebende Risikoverteilung gründet auf drei maßgeblichen Überlegungen:

> Die Risikoverteilung entspricht der jeweiligen Einflußsphäre der Beteiligten
>
> Risikoverteilung und Pauschalpreise müssen einander hinreichend berücksichtigen
>
> Es dürfen dem Auftragnehmer nur die Risiken übertragen werden, die für ihn, mit Hilfe der zur Verfügung gestellten Unterlagen, ersichtlich sind

Ein über das übliche Maß hinausgehendes Risiko hat der Auftragnehmer aus dem Grunde zu tragen, weil eine Reihe von klassischen Aufgaben des Auftraggebers sowie der Entwurf, auf ihn übergehen. Für das daraus resultierende Verfahrensrisiko und das der zugesagten Eigenschaften der erbrachten Leistungen haftet er. Davon getrennt werden müssen alle Einflüsse, die aus Vorgaben und bereitgestellten Unterlagen des Auftraggebers stammen.

Um eine eindeutige Regelung in bezug auf Risiken, die mit der Planung der Leistung und Ausführung nach Vertragsabschluß verbunden sind, zu finden, werden die möglichen Risiken in den Verhandlungen aufgenommen und im Verantwortungsbereich festgelegt. Daran anschließend können sie von beiden Vertragspartnern bewertet, kalkuliert und vertraglich festgehalten werden. Es bietet sich an, eine Risikoanalyse vom Bieter aufstellen zu lassen, die dann zur Verhandlung steht und bepreist wird.

Diese Grundsätze lassen sich als Basis für alle Regelungen bezüglich der Risikoverteilung anwenden. Exemplarisch wird im folgenden auf die grundlegendsten eingegangen.

Die Leistungsbeschreibung an sich hat noch vom Bieter zu füllende Lücken. Diese nehmen mit seinem Angebot Gestalt an, die angebotenen Lösungen fallen somit in seinen Risikobereich. Er muß darauf achten, daß die Beschreibung des Auftraggebers diese auch zuläßt und die geforderte Funktionalität erfüllt wird.

In wessen Risikobereich soll das der grundsätzlichen Genehmigungen in bezug auf Dauern und Durchführbarkeit fallen? Die Antwort ergibt sich aus den damit verbundenen Auswirkungen auf Kosten einer Lösung.

Die Kosten, die ein Bieter in seine Preise einzukalkulieren hätte, würde er für dieses Risiko haften, wären nur spekulativ abzuschätzen. Dieses stände im Widerspruch zu den Absichten des Modells in bezug auf Kalkulation, Risiken und Kosten. Das Risiko der Dauern und Durchführbarkeit allgemeiner Genehmigungen verbleibt deshalb beim Auftraggeber. Genehmigungen hingegen, die für angebotsspezifische Verfahren während der Ausführung benötigt werden sind vom Auftragnehmer zu verantworten.

Die Verteilung des Baugrundrisikos ergibt sich aus dem Grundsatz, daß Interpretationen allein das Risiko des Bieters sind. Alle anderen Abweichungen und damit einhergehenden Risiken die des Auftraggebers.

Die Ausbruchsklassenverteilung wird vom Bieter vorgenommen, indem dieser die zur Verfügung gestellten geologischen, hydrogeologischen und felsmechanischen Gutachten interpretiert. Es steht aber nicht im Interesse des Auftraggebers, im Rahmen eines partnerschaftlichen Vertrages, die Entscheidungen bezüglich der Ausbruchklassenverteilung vom Auftragnehmer gänzlich allein treffen zu lassen. Ein eventuell spekulatives Angebot kann nicht den Zielen der Ausschreibungsmethode entsprechen.

Andererseits soll der Bieter aber auch nicht gehemmt werden, andere Annahmen, als die, die der Auftraggeber schlußfolgert, in Betracht zu ziehen. Auftraggeber und Bieter sollten gegebenenfalls gemeinsam weitere Bodenuntersuchungen im Rahmen des Verhandlungsverfahrens forcieren, um Übereinstimmung zu erzielen. Unterschiede dürfen nur dann zugelassen werden, wenn sie innerhalb einer akzeptablen Bandbreite der Interpretation der Gutachten liegen. Das vom Bieter und späteren Auftragnehmer zu tragende Baugrundrisiko beschränkt sich folglich auf die Bandbreite der unterschiedlichen Auslegung von Auftraggeber und Auftragnehmer.

Das Risiko der weiteren Interpretation der Gutachten in bezug auf das Verhalten des Baugrundes liegt beim Auftragnehmer. Er legt die benötigten Kennwerte bezüglich Verformung, Standsicherheit, Ausgangswerte für Berechnungsverfahren etc. in eigener Verantwortung fest.

Auch in diesem Zusammenhang sollte während der Verhandlungsgespräche unbedingt geprüft werden, inwieweit bestimmte Auslegungen im Bereich des Wahrscheinlichen liegen. Zwischen Bieter und Auftraggeber sollte Einvernehmen über die Interpretation und Verfahren bestehen.

Das Risiko der Bauzeit und Termine muß im Vertrag geregelt werden. Mit dem Angebot gibt der Bieters einen detaillierten Terminplan ab, der alle relevanten Zwischentermine beinhaltet. Dieser dient in erster Linie im Zuge der Ausschreibung dazu, daß der Auftraggeber sich ein Bild von der Umsetzbarkeit des Konzeptes machen kann. Das Angebot soll insbesondere in bezug auf den Ablauf von realistischen Annahmen ausgehen, da in einer Bauzeitverlängerung eine große Gefahr, in Form von Mehrkosten liegt. Dabei muß es für den Auftraggeber ersichtlich sein, von welcher Ausbruchklassenverteilung, Vortriebsgeschwindigkeit, Dauer der Sicherungsmaßnahmen etc., der Bieter ausgeht. Das Risiko des dem Vertrag zugrunde gelegten Bauzeitenterminplan wird dann wiederum, entsprechend der jeweiligen Einfußsphäre, verteilt.

Für die Einschätzung der Risiken und damit verbundener Kosten des Projektes ist es von Bedeutung, daß der Auftraggeber eine Aussage über die wahrscheinliche Bandbreite der Termine erhält. Der Bieter sollte daher verschiedene Szenarien aufstellen, die von den unterschiedlichen Bandbreiten der anzunehmenden Ausbruchsklassenverteilungen ausgehen. Sie können im Rahmen der Verhandlungen gemeinsam festgelegt und vom Bieter dann im Angebot berücksichtigt werden.

Diese verschiedenen Ergebnisse der Bauzeit und Termine bestehen aus Vortriebsgeschwindigkeit pro einzelner Ausbruchklassen, sowie Summe derselben unter verschiedenen Annahmen des Auftretens. Somit haben Auftraggeber und Bieter eine Möglichkeit, über einzurechnende Pufferzeiten zu verhandeln, die für den Bieter kalkulierbar sind. Unter Annahme derselben, wird der Endtermin einvernehmlich festgelegt.

Für den Fall, daß die Ausbruchsklassen von der Prognose des Bodengutachtens abweichen, ist an Hand der Vortriebsgeschwindigkeiten der Ausbruchsklassen der neue Fertigstellungstermin jederzeit bestimmbar. Dieses soll im Vertrag vereinbart werden.

Zwischentermine für die einzelnen Ausbruchsklassen sollen unter Berücksichtigung der jeweiligen Bandbreiten festgelegt werden. Dadurch wird gewährleistet, daß eine Abweichung vom Soll rechtzeitig dokumentiert und die Gründe einer Bauzeitverlängerung darstellen werden können.

3.4.4 Vergütung

Die Regelungen der Vergütung orientieren sich an denselben Grundsätzen wie sie dem Ausschreibungsmodell zu Grunde liegen. Sie stehen außerdem in engem Zusammenhang mit den Risiken.

Funktionale Beschreibung einer Leistung und Konstruktionswettbewerb erfordern grundsätzlich einen Pauschalpreisvertrag. Dieser läßt aber eine Bandbreite der Gestaltungsmöglichkeiten offen. Sie reicht von einer verbindlichen, alle Leistungen beinhaltende Summe, bis hin zu Pauschalen beliebig aufzuschlüsselnder Teilleistungen. Welche Form dem Bauvertrag zu Grunde gelegt wird, hängt maßgeblich von den Auswirkungen der Risiken auf die Pauschalpreise ab.

Risiken sind im Tunnelbau, auf Grund der mit dem Baugrund behafteten Unvorhersehbarkeiten, groß. Eine Abwälzung auf den Auftragnehmer kommt in Anbetracht der Bestimmungen des Bürgerlichen Gesetzbuches (BGB) §§ 644 und 645 nicht in Betracht. Aus diesem Grunde ist das Einfordern und Anbieten eines unveränderlichen Preises ein Vortäuschen falscher Kostensicherheit.

Auftraggeber und Auftragnehmer verfolgen gemeinsam, in kooperativer Zusammenarbeit, das Projektziel. Das einseitige Übertragen von Risiken durch geeignete Vergütungsregelungen auf eine Partei, um die andere möglichst sicherzustellen, soll durch die vertraglichen Vereinbarungen nicht erfolgen.

Andererseits muß beachtet werden, daß der Auftragnehmer das Konzept der gesamten Leistung aufstellt. Für dieses hat er weitgehende Ermittlungen, wie zum Beispiel Mengenermittlungen, Berechnungen, Statiken etc., erbracht. Wie das Risiko dieser Grundlagen für ihn zu übernehmen war, so muß auch eine Vergütungsregelung diesen Umständen Rechnung tragen. Für eine Leistung, insbesondere wenn es sich dabei um die Vorplanung und ein darauf basierendes Angebot handelt, muß die umfassende Verantwortung in bezug auf die Kosten, übernommen werden. Die Grenzen werden auch hier wieder durch die mit dem Risiko der Preisbildung verbundenen Einflußsphären, gesetzt.

Das Interesse der Kostensicherheit des Auftraggebers darf nicht außer acht gelassen werden. Es orientiert sich an der Möglichkeit des für beide Seiten Vertretbaren unter Abwägen der Risiken.

Neben diesem Gesichtspunkt muß in Betracht gezogen werden, daß Risikoübertragung sich bei ausreichender kalkulatorischer Berücksichtigung in den Preisen widerspiegelt. Tritt das Erwartete nicht ein, so hat es der Auftraggeber dennoch zu vergüten.

Das daraus formulierte Ziel ist, für den Auftraggeber und den Auftragnehmer die Preise unter den gegebenen Unsicherheitsfaktoren absehbar zu gestalten.

Die Lösung liegt in Pauschalpreisen für Teilleistungen. Dazu ist es notwendig, die einzelnen Teilleistungen, wie sie sich aus dem Angebot des Auftragnehmers ergeben, nach den Einflußbereichen der unterschiedlichen Risiken, aufzuschlüsseln zu kalkulieren und pauschaliert anzugegeben. Die Leistungen müssen in bezug auf die Auswirkungen der Risiken getrennt werden. So ist es zum Beispiel sinnvoll, nicht eine Pauschale für eine Ausbruchsklasse, die Vortrieb, Sicherung und Ausbau enthält, anzugeben. Es ist darauf zu achten, daß eine Entkoppelung von Sicherungsmaßnahmen und Ausbruchsklasse erreicht wird.

Ein weiterer Gesichtspunkt in bezug auf die Pauschalpreise, ist die Behandlung der zeitgebundenen Kosten. Diese verhalten sich noch einmal anders, als direkte Kosten für Leistungen. Bei der Aufstellung der Pauschalpreise sollen daher insbesondere die zeitgebundenen Kosten von den zeitunabhängigen unterschieden werden.

Das läßt sich umsetzen, wenn getrennte Pauschalen für Vortrieb, Sicherung und Ausbau pro Laufmeter Tunnel vereinbart werden. Die direkten Kosten können somit pauschal nach angetroffener Ausbruchsklassenverteilung abgerechnet werden. Das Aufmaß beschränkt sich dabei auf Laufmeter pro Ausbruchsklasse. Entgegen dem klassischen Einheitspreisvertrag werden hier also mehrere Positionen zusammengefaßt. Darüber hinaus sollten Regelungen für geologisch bedingten Mehrausbruch getroffen werden, soweit dieser in den Risikobereich des Auftraggebers fällt. Dazu eignen sich eigene Pauschalpreise, zum Beispiel pro m^3.

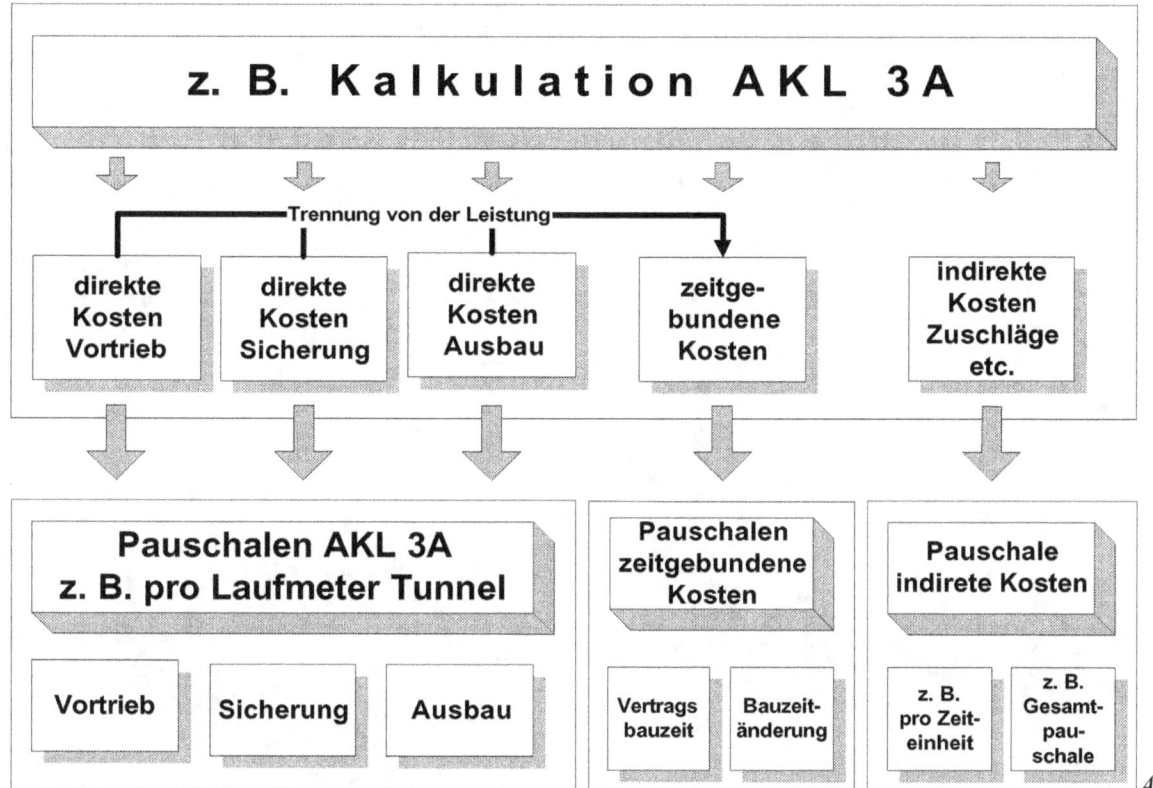

bbildung 39: Bildung der Pauschalpreise

Die zeitgebundenen Kosten sollten in getrennten Pauschalen erfaßt werden. Dazu ist es sinnvoll, die Bauzeit, die sich auf Grund des Angebotes des Auftragnehmers ergibt, als Maßstab heranzuziehen. Der Unternehme kalkuliert auf dieser Basis die zeitgebunden Kosten separat und gibt sie als pauschale Summe an. Für den Fall, daß sich die Bauzeit entgegen des Angebotes verkürzt oder verlängert, stellt der Auftragnehmer eigene Pauschalen für Mehr- oder Minderkosten auf. Um ein vertretbares Maß an Kostensicherheit bei abzusehendem Risiko herbeizuführen, sollen diese Pauschalen erst bei einer Unter- oder Überschreitung der Bauzeit nach einer festgelegten Spanne von zum Beispiel mehr als zwei Monaten in Kraft treten. Die Vorteile der Pauschalen überwiegen in diesem Falle gegenüber dem Risiko der Parteien.

Leistungsänderungen können durch einen Pauschalvertrag in ihrer Brisanz und den Auswirkungen auf Preise und Preissicherheit nicht entschärft werden.

Der Vertrag muß über Regeln verfügen, die Behinderungen während der Ausführung gerecht werden. Es bietet sich an, dementsprechende Pauschalen zu schaffen.

4 Teil: Zusammenfassung

Die VOB/A unterscheidet in bezug auf verbindliche Regeln der Ausschreibung und Vergabe, unter dem sachlichen und dem persönlichen Geltungsbereich.

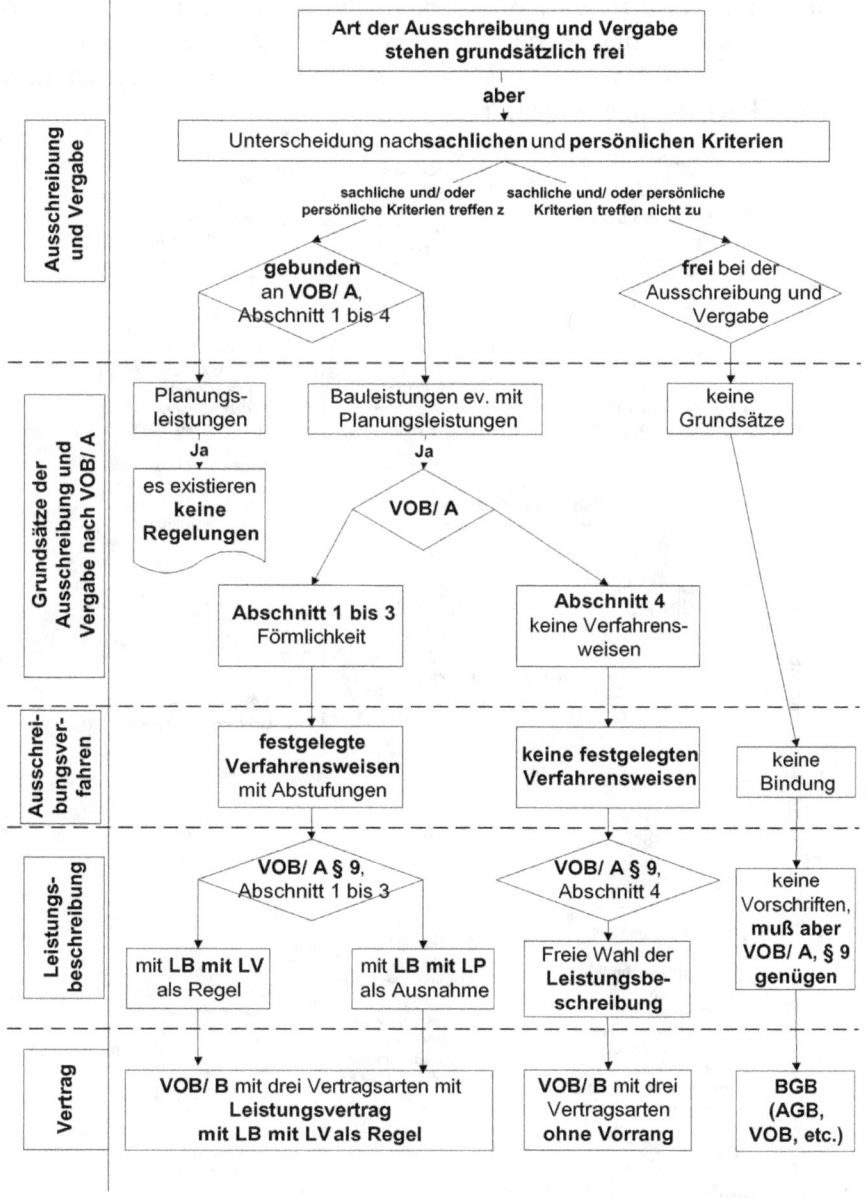

Abbildung 40: Zusammenhänge von Ausschreibung, Vergabe, Leistungsbeschreibung und Vertrag

4. Teil: Zusammenfassung

Demnach müssen Auftraggeber, die in explizit festgelegten Aufgabenbereichen tätig sind bzw. auf Grund ihres Charakters unter die Auftraggeber des öffentlichen Bereiches fallen, die VOB/ A verbindlich anwenden. Für private Auftraggeber, die nicht darunter einzuordnen sind, existieren keine Vorgaben, abgesehen von den Regelungen des BGB. Sie können aber die VOB/ A freiwillig verwenden. In der Folge ergeben sich aus der VOB/ A für die Verwender unterschiedlichen Charakters differenzierte verbindliche Regelungen der Ausschreibung und Vergabe. Die Wahl der Leistungsbeschreibung und des Vertrages ergeben sich aus dem anzuwendenden Abschnitt der VOB/ A, sie stehen dem Auftraggeber, der nach VOB/ A Abschnitt 4 (VOB –SKR) vorzugehen hat, frei.

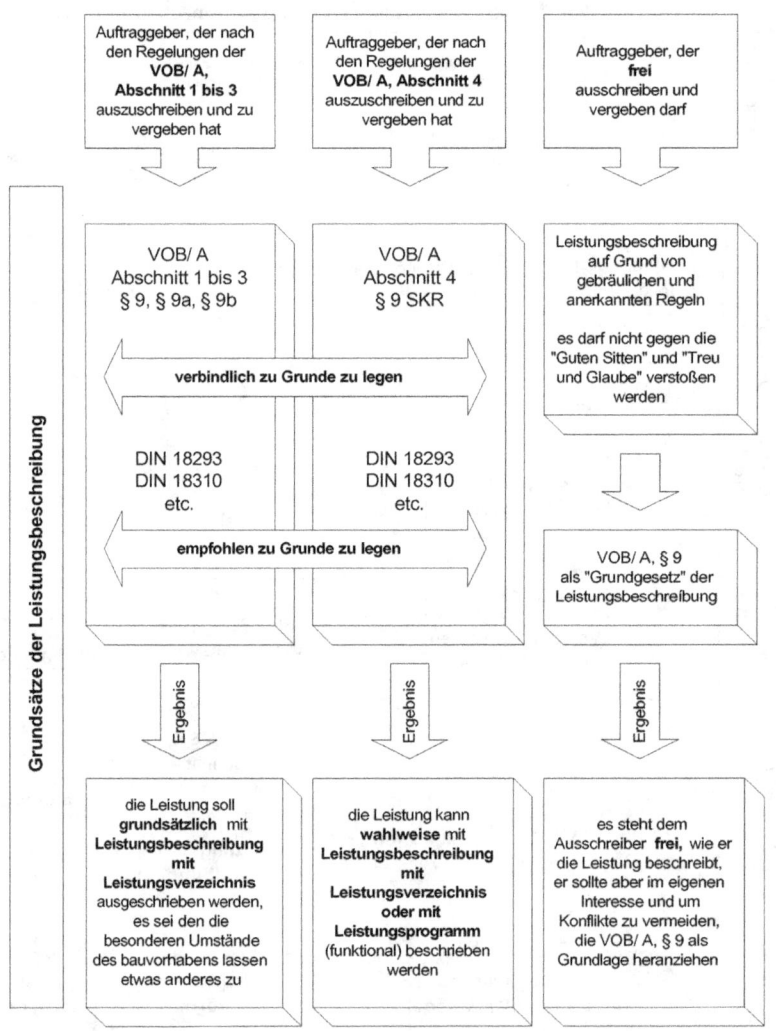

Abbildung 41: Die Leistungsbeschreibung im Tunnelbau

Auf diesen Voraussetzungen der Ausschreibung und Vergabe baut das Modell der funktionalen Leistungsbeschreibung mit Konstruktionswettbewerb auf. Es kann von privaten Auftraggebern verwendet werden, die in den Sektoren tätig sind oder freiwillig nach den Regelungen der VOB/ A Abschnitt 4 (VOB – SKR) ausschreiben und vergeben.

Die Leistung wird nach der Grundlagenermittlung ausgeschrieben. Die Vorgaben an den Bieter resultieren aus der vorgesehenen Nutzung und den daran geknüpften Bedingungen. Vorplanung, Ausführungsplanung und eigentliche Ausführung werden dem Wettbewerb unterstellt.

Die funktionale Leistungsbeschreibung mit Konstruktionswettbewerb ist nur für außergewöhnliche Tunnelbauvorhaben eine Alternative und erweitert für diese das Spektrum der Projektierungsmöglichkeiten.

Der Ablauf einer Funktionale Leistungsbeschreibung mit Konstruktionswettbewerb stellt sich vereinfacht folgendermaßen dar:

> Der Auftraggeber übernimmt die Grundlagenermittlung und bewirkt das Raumordnungsverfahren (ROV) und erstellt die funktionale Leistungsbeschreibung

Daraus wird ein Katalog der Anforderungen an die Leistung, Ausführung und Nutzung, sowie ein Bewertungsmaßstab und eine Vorgabe der Aufschlüsselung der Angebote erstellt.

In der darauf folgenden Phase wird das Bauvorhaben ausgeschrieben:

> Die Leistung wird in einer gemeinsamen Ausschreibung und Vergabe von Planung und Bauleistung in einem internationalen Wettbewerb nach VOB/ A Abschnitt 4 (VOB – SKR) nach § 3 Nr. 2 c im Verhandlungsverfahren ausgeschrieben. Vorangestellt wird ein Aufruf zum Wettbewerb, sowie ein Präqualifikationsverfahren.
>
> Das Verhandlungsverfahren besteht aus mehreren, nicht von vorneherein festgelegten Runden. Es kann sich eventuell durch die Genehmigungs- und Planungsphasen hindurchziehen und kennzeichnet sich durch steigenden Konkretisierungsgrad der Angebote.

Der Auftraggeber wendet sich in der Ausschreibung an potentielle Bieter, die sowohl Bauunternehmer, als auch Konsortien aus Planern und Bauunternehmen sein können.

Interessierte Unternehmer geben Angebote ab. Der Auftraggeber wendet sich anschließend an mehrere ausgewählte Bieter und verhandelt mit diesen über den Auftragsinhalt in bezug auf alle Gesichtspunkte des Konzeptes. Mit diesen Lösungen wird die weitere Planung und Genehmigung vorangetrieben. Der Bieter schreibt im Anschluß an die einzelnen Verhandlungen sein Konzept fort. Die Angebote werden also im Verhandlungsverfahren von Stufe zu Stufe konkreter.

> Der Vergabezeitpunkt ist variabel, er erfolgt in dem Moment, in dem der Auftraggeber den Bestbieter ausmachen kann.

4. Teil: Zusammenfassung

Die Bieter stellen ihre Angebote durch Zeichnungen und Erläuterungen dar. Es liegen die generelle Geometrie, Aufteilung, Zuordnung, das Bauverfahren, wie auch der Trassenverlauf, Sicherung etc., fest. Darauf aufbauend wurde die Kalkulation aufgestellt. Diese kann aber nur soweit ins Detail gehen, wie der Planungs- und der Genehmigungsstand es zu diesem Zeitpunkt zulassen. Hinzu kommt, daß im Zuge der Verhandlungen und der Genehmigungsverfahren Änderungen auftreten werden, die Einfluß auf die Preise haben.

- Ausschreibung und Vergabe nach den Regelungen der VOB/ A Abschnitt 4 (VOB - SKR)

- Aufruf zum Wettbewerb und Präqualifikationsverfahren

- Ausschreibung mittels funktionaler Leistungsbeschreibung mit Konstruktionswettbewerb nach der Grundlagenermittlung und nac Abschluß des Raumordnungsverfahrens (ROV)

- Eingang von Angeboten von Bietern: Umfassende und abschließende individuelle Lösung unter den Voraussetzungen der Ausschreibung

- Vergabe im Verhandlungsverfahren mit nicht von vorne herein Festgelegter Anzahl von Verhandlungsstufen
  - Fortschreibung des Angebotes durch die Verhandlungen
  - Einarbeiten der Einflüsse aus den Genehmigungsverfahren auf das Angebot
  - Einarbeiten der Einflüsse aus den Genehmigungsverfahren auf die Preise

- Vergabe an den Bestbieter zu Pauschalpreisen für einzelne Teilleistungen

Abbildung 42: Funktionale Leistungsbeschreibung mit Konstruktionswettbewerb

Der Angebotspreis wird erst von Verhandlung zu Verhandlung genauer kalkulierbar und verbindlicher. Er kann erst in dem Moment abschließend vereinbart werden, in dem mit keinen Änderungen der Lösung, aus Planung, Genehmigungen und Verhandlungen zu rechnen ist, die die Preisbildung beeinflussen.

Dadurch ergeben sich zwei grundsätzliche Probleme:

> Der Auftraggeber muß die Angebote, hinsichtlich der zu erwartenden Preise, beurteilen und vergleichen können. Diese spiegeln aber lediglich das aktuelle Wissen, bei noch einzuholenden Genehmigungen wider.

> Dem Bieter darf nicht die Möglichkeit eröffnet werden, im Laufe des Verfahrens unangemessene Korrekturen der Preise vorzunehmen. Das gilt insbesondere dann, wenn der Bieterkreis bereits auf wenige eingeschränkt worden ist.

Es müssen Regeln aufgestellt werden, die dieses ermöglichen. Dazu ist es sinnvoll, die Kalkulation offen zu legen, wie es zum Beispiel in Österreich allgemein der Fall ist. Eine andere Lösung ist das Vorschreiben von sogenannten „Open Books". Dadurch kann erreicht werden, daß nicht die eigentlichen Preise gewertet und verglichen werden, sondern die Kalkulationsansätze und Grundlagen. Der Auftraggeber überprüft den Weg der Preisentstehung und schließt dadurch auf den besten Angebotspreis. Für Allgemeine Geschäftskosten, Wagnis und Gewinn können Prozentsätze vereinbart werden.

In bezug auf das Modell sind insbesondere die verschiedenen Genehmigungsphasen und ihr Einfluß auf Ablauf und Bieterauswahl zu berücksichtigen. Sie wirken sich auf die Realisierbarkeit des Konzeptes maßgeblich aus.

Auf der einen Seite wächst mit fortschreitenden Genehmigungen erst die Möglichkeit, die einzelnen Angebote zu verfeinern und zu konkretisieren. Auf der anderen Seite bestimmen die Dauern der Genehmigungsphasen, hier insbesondere das Planfeststellungsverfahren (PFV), wie ein solches Modell einer Ausschreibung und Vergabe umgesetzt werden kann.

Für diese Problematik müssen Regeln vereinbart werden, die zum Beispiel mit Hilfe von Bindefristen auf lange Abläufe oder Verzögerungen eingehen. Grundsätzlich muß aus der Ausschreibung hervorgehen, mit welchen zeitlichen Abläufen zu rechnen ist und an welcher Stelle Probleme auftreten können.

Diese Umstände können bewältigt werden. Der Bieter ist sich zum einen dessen bewußt und kann, da er in die Genehmigungsplanung und Abläufe indirekt durch sein Angebot eingebunden ist, die Dauern abschätzen. Im Rahmen von anderen Projekten, wie BOT-, GMP-, Betreibermodellen oder auch funktionalen Ausschreibungen, sind Bieter mit einer ähnlichen Problematik konfrontiert.

Die Vergütung wird in nach der Entstehung differenzierten Pauschalpreisen abgegolten, die die jeweilige Einflußsphäre des damit verbundenen Risikos einbezieht. Es sollen insbesondere

4. Teil: Zusammenfassung

zeitgebundene und von der Zeit unabhängige Kosten getrennt pauschaliert werden, sowie Ausbruchsklassen, Sicherung und Ausbau.

Die Vorteile der funktionalen Leistungsbeschreibung mit Konstruktionswettbewerb liegen in den folgenden Punkten:

> Der Bieter wird bereits während der Vorplanung mit seinen besonderen Kenntnissen, betreffend der Ausführung, eingebunden. Er bekommt die Erarbeitung einer ganzheitlichen Lösung übertragen. Er setzt sich mit den auftraggeberseitig gemachten Vorgaben, in bezug auf die Nutzung, intensiv auseinander und übernimmt die Position des Objektplaners. Er hat unter Beachtung der Vorgaben des Auftraggebers aus der Fülle der funktionsgerechten Lösungen die herauszusuchen, zu verfolgen und anzubieten, die ihm in Anbetracht seiner Möglichkeiten in der Gesamtheit als die wirtschaftlichste und optimalste erscheint.

> Fachliche Kompetenz der planenden und der ausführenden Seite werden in einem gleichberechtigten Zusammenspiel eingebracht. Alle Beteiligten der Planung und Ausführung erarbeiten gemeinsam eine Lösung. Die jeweiligen Möglichkeiten von Ressourcen und Disposition, vorhandenen Geräten und qualifiziertem Personal, wie auch Innovationspotential der Unternehmer, gehen in das Angebot ein und werden ausgeschöpft.

> Der Vergleich der Preise erfolgt über die Preisentstehung.

> Kosten werden dadurch gespart, daß der Entwurf dem Wettbewerb unterliegt und der Auftraggeber die funktionsgerechteste und kostengünstigste Alternative auswählt.

Abschließend bleibt festzustellen, daß die Regelungen der VOB/A Ausschreibung und Vergabe in einen Rahmen zwängen, der interessante und vielversprechende Möglichkeiten von vorne herein ausschließen läßt. Es stellt sich die Frage, ob die VOB/A nicht zu vieles und zu weit gehend regelt. So kann dieses Modell von öffentlichen Auftraggebern nicht angewendet werden.

5 Literaturverzeichnis

Bechtold

„GWB Kartellgesetz Gesetz gegen Wettbewerbsbeschränkungen"

Verlag Beck 3. Auflage 1999

Bilecki

„Bau der 4. Röhre des Elbtunnels in Hamburg: Bauafgabe, Risiken, Lösungswege, Störfallanalyse, Risikobewertung und -verteilung"

Tunnel für Menschen

Sitzungsberichte World Tunnel Congress Vienna 1997

Bundesministerium der Justiz

„Bekanntmachung der Verdingungsordnung für freiberufliche Leistungen – VOF – vom 12. Mai 1997"

Bundesanzeiger

Deutsche Bahn Gruppe

„Ein Konzept von heute für den Verkehr von morgen"

DB Projekt GmbH Köln - Rhein/ Main (Hrsg.)

Diederichs (Hrsg.)

„DVP Informationen 1996"

Deutscher Verband der Projektsteuerer e. V.

Bergische Universität Wuppertal

Diestelmeier

„Die Flexible Leistungsbeschreibung - Eine neue Risiko - Kategorie im Tunnelbau"

Forschung und Praxis Nr. 32 1996 Seite 32 ff

Engelhardt

„Risikoverlagerung bei funktionaler Leistungsbeschreibung"

Hauptverband der Deutschen Bauindustrie, Bundesfachabteilung unterirdisches bauen, Rundschreiben Seite 464 ff XIV/2/1997

Literaturverzeichnis

Englert

„Das „Grundgesetz" für die Leistungsbeschreibung von Tiefbauarbeiten: § 9 VOB/ A"

Tiefbau 12/1995

Eschenburg

„Projektsteuerung bei Vergaben an Generalunternehmer – am Beispiel der Neubaustrecke Köln – Rhein/ Main"

Bauingenieur Nr. 7/8 Juli/ August 1998

Eschenburg

„Neubaustrecke Köln – Rhein/ Main: Vergabe von Bauleistungen auf Basis einer funktionalen Leistungsbeschreibung"

Eisenbahntechnische Rundschau 9/1997

Eschenburg, Glowaki

„Funktionale Leistungsbeschreibung"

Vorabzug einer Veröffentlichung der DB Projekt GmbH Köln – Rhein/ Main 1997

Erschienen im Eisenbahningenieurkalender 1998

Gatter/ Kritzinger

„Private Finanzierungsmodelle für Eisenbahninfrastrukturen – Möglichkeiten und Grenzen"

Internationales Verkehrswesen 9/1998

Gerdes

„Die Bahnreform"

Deutsche Bahn AG

WL - Werbung Köln 1994

Glaser

„Die Funktionale Leistungsbeschreibung - Planungsmittel oder Spekulationsansatz"

Bauwelt 31/1974

Glatzel
„Der Bauvertrag"
Verlag Ernst Vögel Stamsried 13. Auflage 1992

Glatzel/ Hofmann Frikell
„Unwirksame Bauvertragsklauseln nach dem AGB - Gesetz"
Verlag Ernst Vögel Stamsried 7. Auflage 1995

Heiermann
„Unternehmerrisiken bei funktionalen Leistungsbeschreibungen, Teil I und II"
Bauwirtschaft 8/1997 und 9/1997

Heiermann
„Rechtsgrundlagen der Ausschreibungspflichten der DEUTSCHEN BAHN AG"
Baurecht 4/1996

Heiermann
„Eisenbahnstrecke als ‚schlüsselfertiger Bau'"
Handelsblatt 6.3.1998

Heiermann
„Der Funktionsbauvertrag"
Bauwirtschaft 10/1998

Heiermann/ Ax
„Rechtsschutz bei der Vergabe öffentlicher Aufträge – Ein Leitfaden für die Praxis"
Bauverlag 1997

Heiermann/ Riedl/ Rusam
„Handkommentar zur VOB Teile A und B"
Bauverlag 7. Auflage 1994

Literaturverzeichnis

Heiermann/ Riedl/ Rusam

„Handkommentar zur VOB Teile A und B"

Bauverlag 8. Auflage 1997

Ingenstau/ Korbion

„VOB Kommentar Teile A und B"

Werner - Verlag 13. Auflage 1996

Kapellmann/ Schiffers

Vergütung Nachträge und Behinderungsfolgen beim Bauvertrag Band 1: „Einheitspreisvertrag" und Band 2: „Pauschalvertrag einschließlich Schlüsselfertigbau"

Werner Verlag 2. Auflage 1997

Kapellmann/ Schiffers

Artikelserie zum Thema „Funktionale Leistungsbeschreibung"

Baumarkt 1/1998 bis 6/1998

Klaus

„Entwicklungstendenzen in der Rechtsprechung bei lückenhafter Leistungsbeschreibung"

München

Maidl

„Tunnelbau im Sprengvortrieb"

Springer Verlag 1997

Mängel

„Infrastruktur als Paket"

Berlin, Oktober 1994 VDI – Berichte

Mängel

„Die Bahnprojekte Deutsche Einheit – Besondere Problembereiche von der Planung bis zur Finanzierung"

Forschung + Praxis Nr. 35 Seite 8 ff 1996

Märki, Schaad, Moser, Zbinden

„Vertragsplanung ALP Transit Gotthard – Ein Ergebnis von Risikoanalyse und Projektplanung"

Felsbau 5/1998

Mc Cormack

„Florence to Bologna at high speed"

Tunnels & Tunneling International 4/1999

Saland

„Risikoverlagerung und Konsequenzen für den Auftragnehmer bei funktionaler Leistungsbeschreibung von Tunnelbauwerken am Beispiel der Neubaustrecke Köln – Rhein/ Main"

Diplomarbeit TU – München ITuB 29.8.1997

Schottke

„Die VOB - gerechte Leistungsbeschreibung für den allgemeinen Tunnelvortrieb unter Berücksichtigung einer angemessenen Vergütung"

Werner – Verlag 1993

Sulzer

„Funktionale Leistungsbeschreibung"

Schweizer Baublatt Nr. 90 1976

Wallis

„Northside ‚aliance" for Sydney`s cleaner harbour"

Tunnels & Tunneling International 3/1999

Werner/ Pastor

„Der Bauprozeß"

Werner - Verlag 9. Auflage 1999

Literaturverzeichnis

„Empfehlungen der Internationalen Tunnelling Association (ITA) zu vertraglichen Risikoverteilungen"

Tunnelbau Taschenbuch 1993

„Funktionale Leistungsbeschreibung für Verkehrstunnelbauwerke - Möglichkeiten und Grenzen für die Vergabe und Abrechnung"

DAUB - Empfehlung "Funktionale Leistungsbeschreibung für Verkehrstunnelbauwerke

DAUB Tunnelbau Heft 4/1997

„Verdingungsordnung für Bauleistungen VOB"

Im Auftrag des Deutschen Verdingungsausschusses für Bauleistungen herausgegeben vom DIN Deutsches Institut für Normung e. V.

Beuth Verlag GmbH Berlin Köln Ausgabe 1992

Vergabeunterlagen der NBS Köln - Rhein/ Main

Teil A bis E

DB AG

A Anhang

A1 Empfehlungen für das Aufstellen einer funktionalen Leistungsbeschreibung

Richtlinien für die Aufstellung der Angebote durch die Bieter mit Angaben über den Aufbau und die Detaillierung sowie Detaillierungsgrad des Leistungsverzeichnisses

Die gefragte Bauaufgabe muß erläutert werden unter Bezugnahme auf:

Eine Beschreibung der Funktion und Qualität des Bauwerkes, sowie des einzuhaltenden Zeitrahmens

Eventuellen Angaben zu Nebenangeboten des Bieters

Einen Baugrundbericht mit genauen Aussagen über Hydrologie, Grundwasserqualität und Bodenqualität in Form von Gutachten, für die der Auftraggeber verantwortlich ist

Lastannahmen und Angaben zu Lastfällen mit variablen Sicherheitsbeiwerten

Angaben zu Sicherungsmaßnahmen in bezug auf die Umwelt (Boden, Wasser, Vegetation, Lärmschutz usw.) und Umgebung, wie z. B. benachbarter baulicher Anlagen

Angaben zu Schutzmaßnahmen z. B. der Arbeit und der Gesundheit

Sonstige bauwerks- oder ortspezifische Angaben, die für die Kalkulation des Bieters relevant sein könnten

Die vom Auftraggeber geforderte Qualitätssicherung und deren Durchführung

Die Art und Weise der Beweissicherung, sowie der Umgang der dadurch entstehenden Kosten

Was bei Eintreten von höhere Gewalt zu unternehmen ist, bzw. die damit verbundene Verteilung des Risikos, soweit genauere Definition oder Abweichungen gegenüber der VOB erforderlich sind

Eine detaillierte Störfallanalyse mit allen vom Bieter abschätzbaren und angenommenen Störfällen und in bezug auf diese geplanten Handlungen, sowie die damit auftretenden Kosten und Verteilung derselben

Eine Festlegung der Mengengarantien

Eine Versicherung und Schadensregulierung

Anhang

> Die Vermessung und Absteckung
>
> Der erwartete Bauablauf und die geforderte Baudurchführung

Abbildung 43: Empfehlungen zum Aufstellen einer funktionalen Leistungsbeschreibung[132]

A2 Sonderformen der Leistungsbeschreibung

Es gab immer wieder Tendenzen seitens der Ausschreiber, die Problematik, die sich aus der Leistungsbeschreibung mit Leistungsverzeichnis im Tunnelbau ergibt, zugunsten der Auftraggeber zu lösen. Eine besondere Form, die aus der Leistungsbeschreibung mit Leistungsverzeichnis nach VOB/ A Abschnitt 1 § 9, zu Beginn der neunziger Jahre hervorgegangen ist, stellt der Begriff der flexiblen Leistungsbeschreibung dar. Sie wurde von der ehemaligen Deutschen Bundesbahn unter anderem auf der Neubaustrecke Hannover - Würzburg eingesetzt. Mittels dieser sollen insbesondere Nachforderungen seitens und zu Lasten des Auftragnehmers eingeschränkt werden, ohne dabei die Ursachen zu bekämpfen[133].

Dieses wird umgesetzt, indem[134]:

Jede denkbare Leistung beschrieben und lediglich unscharf abgegrenzt wird

Die Beschreibung der in Ausbruchsklassen zu erbringenden Leistungen sich im Zuge der Bauausführung nahezu unbegrenzt im Rahmen einer Bandbreite verändern läßt

Die Mengenvordersätze der einzelnen Ausbruchsklassen örtlich keinem Streckenabschnitt zugeordnet werden

Bei der flexiblen Leistungsbeschreibung werden also die Bestimmungen aus VOB/ B, § 2, Nummer 3 und 5 vermischt. Die Preise sollen nach wie vor innerhalb einer Grenze fest bleiben, welche aber nicht mehr durch einen Prozentsatz, sondern durch eine objektspezifische Bandbreite festgelegt wird[135]. In bezug auf die Klassifizierung legt sich der Bieter auf eine technische Lösung innerhalb einer gegebenen Bandbreite fest. Leistungsänderungen sind vom Bieter innerhalb eines festzulegenden Rahmens zu berücksichtigen und einzuplanen.

---

[132] Vgl. „Funktionale Leistungsbeschreibung für Verkehrstunnelbauwerke - Möglichkeiten und Grenzen für die Vergabe und Abrechnung" DAUB - Empfehlung "Funktionale Leistungsbeschreibung für Verkehrstunnelbauwerke DAUB Tunnelbau Heft 4/1997

[133] Vgl. Diestelmeier „Die Flexible Leistungsbeschreibung - Eine neue Risiko - Kategorie im Tunnelbau" Forschung und Praxis Nr. 32 Seite 32ff 1996

[134] Vgl. Diestelmeier „Die Flexible Leistungsbeschreibung - Eine neue Risiko - Kategorie im Tunnelbau" Forschung und Praxis Nr. 32 Seite 32ff 1996

[135] Vgl. Schottke „Die VOB - gerechte Leistungsbeschreibung für den allgemeinen Tunnelvortrieb unter Berücksichtigung einer angemessenen Vergütung" Werner – Verlag 1993

In bezug auf diese Vereinbarungen muß das Risiko des Bieters eingegrenzt werden, damit sich die Leistungsbeschreibung weiterhin nach den Grundsätzen der VOB/ A Abschnitt 1 § 9 richtet. Der Bieter muß auch die Möglichkeit erhalten, die zeitabhängigen Kosten, die damit verbunden sind, vergütet zu bekommen. Dieses kann ermöglicht werden durch eine leistungsmäßige Vergütung derselben nach tatsächlichem Aufkommen.

In der Praxis kann das geschehen, indem zum Beispiel der Auftraggeber vorgibt, die Sicherungsmittel unabhängig von den jeweiligen Ausbruchsklassen zu kalkulieren. Die Besonderheit gegenüber der klassischen Leistungsbeschreibung mit Leistungsverzeichnis ist, daß auch die mit dem Einbau der Sicherungsmittel verbundenen Behinderungen und Erschwernisse beim Vortrieb in diesem Fall in die Positionen der Sicherungsmittel einkalkuliert werden müssen. Damit wird allerdings der Forderung nach einer eindeutigen Leistungsbeschreibung in gewissem Maße widersprochen.

A3   Genehmigungsverfahren

Die von einem Infrastrukturprojekt des Verkehrswegebaus zu durchlaufenden Genehmigungsverfahren können unter Umständen die folgenden sein:

   Bundesverkehrswegeplan (BVP)

   Raumordnungsverfahren (ROV)

   Planfeststellungsverfahren (PFV)

Der Bundesverkehrswegeplan (BVP) hat nur für Verkehrswege des Bundes Bedeutung.

Durch den Bundesverkehrswegeplan (BVP) wird ein Verkehrsprojekt, also auch ein Tunnelbauwerk, grundsätzlich beschlossen und die Mittel dazu bereitgestellt. Weitere planerische Belange, wie das Raumordnungsverfahren (ROV), die Linienbestimmung und die Planfeststellung werden dadurch nicht betroffen. Diese Planungsphasen müssen unabhängig davon durchgeführt werden. Entscheidungen diesbezüglich werden nicht vorweggenommen, auch nicht im Hinblick auf die konkrete Linienführung des Verkehrsbauwerkes oder die Details. Der Bundesverkehrswegepln (BVP) legt lediglich fest, daß eine neue Eisenbahnstrecke von A nach B geplant und gebaut werden soll. In planungsrechtlicher Hinsicht ist der Bundesverkehrswegeplan (BVP) nur insofern interessant, daß er für zum Beispiel eine Eisenbahnstrecke die Planrechtfertigung nach § 18 des Allgemeinen Eisenbahngesetzes (AEG) darstellt, der die Bauordnung ersetzt. Ohne diesen darf eine Eisenbahnstrecke nicht gebaut werden. Für andere Infrastrukturbaumaßnahmen gelten adäquate Regelungen.

Somit entspricht diese Entscheidung im Grunde einem Teil der Grundlagenermittlung des Auftraggebers, der sich bewußt wird, daß ein Tunnel benötigt wird, welche Aufgaben er zu erfüllen hat, welche Anforderungen an die Qualität etc. gestellt werden, welche Mittel zur

Anhang

Verfügung stehen und letztendlich den ungefähren Verlauf des Bauwerks. Es stellt wie gesagt kein eigentliches Genehmigungsverfahren dar und ist nur auf bestimmte Projekte bezogen.

Erst im Raumordnungsverfahren (ROV), welches für alle Bauwerke, die den Lebensraum der Bundesrepublik Deutschland beeinflussen, durchzuführen ist, wird die Trasse in einem festgelegten Spielraum vorgegeben.

Im Zuge des Raumordnungsverfahren selbst werden nun Planunterlagen im allgemeinen mehrerer technisch realisierbarer Varianten im Maßstab 1:50000 und 1:25000 aufgestellt. Bei einem Vorhaben eines Tunnelbaus oder einer Eisenbahntrasse oder Straße, ist der Abschluß des Verfahrens die Linienbestimmung. Durch die Linienfestlegung ist die Trasse aber lediglich in einer bestimmten Bandbreite, welche durch den großen Planungsmaßstab bedingt wird, festgelegt. Es verbleibt ein Spielraum, der sich auf unterschiedlich große Abweichungen beschränkt. Keinesfalls ist die Trasse dadurch bereits für die Vorentwurfsplanung in absolut feste Grenzen gesetzt.

Das Raumordnungsverfahren (ROV) greift somit bereits in den Vorentwurf in bezug auf die Trassierung ein. Es macht aber keine Vorschriften, die über die Linienführung hinausgehen.

Dadurch, daß der Bundesverkehrswegeplan (BVP) vom Bund aufgestellt ist und bereits das Raumordnungsrecht durch die Planrechtfertigung in Teilen erfüllt ist, hat das Raumordnungsverfahren (ROV) für Bauten, die im Bundesverkehrswegeplan (BVP) aufgeführt sind, kaum behindernde Bedeutung. Es kann im allgemeinen zügig vom Auftraggeber angestrengt werden.

Die größte Hürde der Planung und Genehmigung ist das Planfeststellungsverfahren (PFV). Es werden durch dieses alle Beziehungen zwischen dem Träger der Baumaßnahme und durch den Plan betroffene rechtsgestaltend im Hinblick auf öffentlich – rechtliche Belange geregelt. Darunter fallen auch alle in Zusammenhang mit dem Bauvorhaben stehende Folgemaßnahmen, Ausgleichs- und Ersatzmaßnahmen, Lärmschutzmaßnahmen etc. Durch die eigentliche Planfeststellung wird die Zulässigkeit des Bauvorhabens im Hinblick auf alle von diesem berührten öffentlichen Belange festgestellt.

Im Hinblick auf die Verwirklichung und Durchsetzbarkeit eines Bauvorhabens ist die Planfeststellung der wichtigste Schritt, da der rechtskräftige Planfeststellungsbeschluß mit einer eingeschränkten Baugenehmigung gleichzusetzen ist.

Der Plan des Bauvorhabens wird für die Planfeststellung nach den Richtlinien für die Entwurfsgestaltung aufgestellt. Der Maßstab liegt bei 1:1000 und darunter. Eventuelle Varianten sind insoweit zu untersuchen, wie es für die Planfeststellung erforderlich ist. Neben dem aufzustellenden Plan müssen auch die Gründe, die zu diesem geführt haben, in einem Erläuterungsbericht festgehalten werden. Dazu müssen die öffentlich – rechtlichen Belange gegeneinander abgewogen worden sein. Der Ablauf des Verfahrens beginnt damit, daß alle Betroffenen Planunterlagen zur Einsicht erhalten und Stellung nehmen können. Es schließen mündliche Verhandlungen der Einsprüche im Erörterungstermin an. Nach Abwägung aller

Belange wird eine Entscheidung in der Regel durch Juristen der Bezirksregierung herbeigeführt. Anschließend erfolgt der Erlaß der Planfeststellung.

In der eigentlichen Prüfung seitens der Planfeststellungsbehörde, wird das Einhalten der Formvorschriften geprüft, sowie das Einhalten der ausreichenden Erörterung der Einwendungen und die Möglichkeit der Stellungnahme aller anerkann ten Verbände.

Wird dem Plan zugestimmt, liegt fest, daß er unter dem Grundsatz der Problembewältigung und der weiteren festgelegten Grundsätze statthaft ist.

Folglich werden mit dem Planfeststellungsverfahren (PFV) der genaue Verlauf einer Baumaßnahme sowie alle technischen und Ausführungsgesichtspunkte insoweit festgelegt, wie sie die Belange einem Dritten gegenüber berühren. Davon betroffen werden unter Umständen auch die Bauverfahren, maschinell oder konventionell, Vortriebsverfahren sein, Mindestabschlagslängen, Sicherungsmaßnahmen, Wasserhaltung etc., da sie sich in besiedelten Gebieten wie der Bundesrepublik Deutschland unweigerlich auf die Rechte eines Dritten oder der Umwelt auswirken.

6 Abbildungsverzeichnis

Abbildung 1:	Vorgehensweise der Dissertation	12
Abbildung 2:	Einteilung der Auftraggeber nach der VOB/ A	14
Abbildung 3:	Zusammenfassung der Grundsätze der Vergabe nach der VOB/ A	18
Abbildung 4:	Zusammenfassung der Ausschreibungsverfahren nach VOB/ A	23
Abbildung 5:	Die Leistungsbeschreibung nach VOB/ A Abschnitt 1 § 9	31
Abbildung 6:	Die Leistungsbeschreibung im Tunnelbau	37
Abbildung 7:	Problematik der Leistungsbeschreibung - Ausführung	39
Abbildung 8:	Mengenermittlung der Vortriebsklassen über die Tunnellänge	41
Abbildung 9:	Zuordnung der Sicherungsmittel zu den Vortriebsklassen	42
Abbildung 10:	Behandlung von Leistungs- und Mengenänderungen nach der VOB/ B	43
Abbildung 11:	Korrekturkreis der Leistung und Vergütung	44
Abbildung 12:	Rückverfolgung der Sicherungsmittel zu den Vortriebsklassen	45
Abbildung 13:	Zeitpunkt der Ausschreibung und Bedeutung für die Leistungsbeschreibung	58
Abbildung 14:	Vorgaben des Auftraggebers und Freiheit des Bieters in bezug auf den Zeitpunkt der Ausschreibung	60
Abbildung 15:	Zusammenfassung der inneren und äußeren Einflüsse auf die Ausschreibung und Vergabe der NBS Köln - Rhein/ Main	63
Abbildung 16:	Zusammenfassung der Aufgaben des Auftraggebers	65
Abbildung 17:	Zusammenfassung der verlagerten Risiken	66
Abbildung 18:	Ausblicke auf internationale Modelle der Ausschreibung, Vergabe und Vertragsgestaltung im Tunnelbau	73
Abbildung 19:	Elemente eines optimalen Konzeptes der Planung und Ausführung	76
Abbildung 20:	Schematischer Ablauf der Ausschreibung mit funktionaler Leistungsbeschreibung im Konstruktionswettbewerb	79
Abbildung 21:	Alternative Vorgehensweise der Ausschreibung mit funktionaler Leistungsbeschreibung mit Konstruktionswettbewerb	81
Abbildung 22:	Wahl und Zeitpunkt der Wahl des Bestbieters	83
Abbildung 23:	Inhalt des Präqualifikationsverfahrens	88
Abbildung 24:	Ablauf des Verhandlungsverfahrens	91
Abbildung 25:	Vorgaben des Auftraggebers an das Produkt	95
Abbildung 26:	Verdichtung der Planung	96
Abbildung 27:	Anforderungskatalog und Nachweisverfahren	102
Abbildung 28:	"Open Books" und kalkulatorische Risikoverteilung	104
Abbildung 29:	Die Angebotsvergütung	110
Abbildung 30:	Bundesverkehrswegeplan, Raumordnungs- und Planfeststellungsverfahren	112

Abbildungsverzeichnis

Abbildung 31:	Einfluß der Planfeststellung auf das Verfahren	115
Abbildung 32:	Einfluß der Genehmigungsphasen auf den Angebotspreis	116
Abbildung 33:	Aufgaben während der Planung	121
Abbildung 34:	Aufgaben während der Genehmigungsphasen	123
Abbildung 35:	Die Arbeit der Teams im Allgemeinen	125
Abbildung 36:	Die Arbeit der Teams vor und nach der Vergabe	127
Abbildung 37:	Zusammenhang von Zielen des Auftraggebers, Leistungsbeschreibung und Vertragstyp	129
Abbildung 38:	Die Rolle eines Projekt - QM- Systems	130
Abbildung 39:	Bildung der Pauschalpreise	135
Abbildung 40:	Zusammenhänge von Ausschreibung, Vergabe, Leistungsbeschreibung und Vertrag	137
Abbildung 41:	Die Leistungsbeschreibung im Tunnelbau	138
Abbildung 42:	Funktionale Leistungsbeschreibung mit Konstruktionswettbewerb	140
Abbildung 43:	Empfehlungen zum Aufstellen einer funktionalen Leistungsbeschreibung	150

7 Lebenslauf

Persönliche Daten

Name:	Ralph Hermann Bartsch
Geburtstag/ -ort:	20.09.1968 in Eschwege/ Hessen
Staatsangehörigkeit:	Deutsch
Familienstand:	Ledig

Schulausbildung

1975 bis 1979:	Volksschule in Schwarzenbruck / Bayern
1979 bis 1989:	Humanistisches Gymnasium Ernestinum in Celle / Niedersachsen

Wehrdienst

01.06.1989 bis 31.08.1990:	Grundwehrdienst (Unteroffizier der Reserve)

Studium

01.10.1990 bis 30.04.1993:	Bauingenieurstudium an der TH Karlsruhe
01.05.1993 bis 31.10.1996:	Bauingenieurstudium an der TU München
	Vertiefungsrichtungen: Baubetrieb/ Tunnelbau und Grundbau
01.04.1996 bis 30.06.1996:	Stipendium an der Chalmers University of Technology in Göteborg/ Schweden

Studienbegleitende Tätigkeiten

01.11.1995 bis 31.03.1996:	Werkstudent bei der Firma Heilit & Woerner Hauptniederlassung München im Tunnelbau

Berufliche Tätigkeiten

01.11.1996 bis 31.01.1999:	Universitätsassistent am Institut für Baubetrieb, Bauwirtschaft und Baumanagement an der Universität Innsbruck/ Österreich
seit 17.02.1999:	Wissenschaftlicher Mitarbeiter am Institut für Raum- und Verkehrsplanung der Bundeswehruniversität München

München, den 30.09.1999

www.ingramcontent.com/pod-product-compliance
Lightning Source LLC
Chambersburg PA
CBHW082330220526
45470CB00008B/2466